奶牛精量饲喂系统关键技术研究与应用

范永存　李　珂　著

U0317095

科学出版社

北京

内 容 简 介

本书针对奶牛精细养殖过程中精饲料的精量调控和体温的实时监测问题，介绍了以射频识别技术为基础的奶牛个体识别模块和基于单片机的给料装置及其控制器设计方案，以及基于红外温度传感器和无线传感器网络技术的奶牛体温监测系统设计方案，分析了无线传感器网络高能效方法，介绍了用 VB.net 开发的监控中心程序设计。

本书从实际应用的角度，提供了完整的低成本奶牛精量饲喂和体温监测方案，并给出较为详细的理论分析，可供农业工程领域精细养殖系统开发人员和其他技术人员使用。

图书在版编目(CIP)数据

奶牛精量饲喂系统关键技术研究与应用 / 范永存，李珂著. — 北京：科学出版社，2018.9
 ISBN 978-7-03-058774-9

Ⅰ.①奶⋯　Ⅱ.①范⋯　②李⋯　Ⅲ.①肉牛-饲养管理　Ⅳ.①S823.9

中国版本图书馆 CIP 数据核字（2018）第 208096 号

责任编辑：张　展　杨悦蕾 / 责任校对：黄　嘉
责任印制：罗　科 / 封面设计：墨创文化

科 学 出 版 社 出版
北京东黄城根北街16号
邮政编码：100717
http://www.sciencep.com

成都锦瑞印刷有限责任公司印刷
科学出版社发行　各地新华书店经销
*
2018 年 9 月第 一 版　　开本：B5（720×1000）
2018 年 9 月第一次印刷　　印张：8 1/2
字数：171 千字
定价：69.00 元
（如有印装质量问题，我社负责调换）

前　言

奶牛养殖业是我国农业产业结构中最具发展潜力的行业之一。当前，奶牛规模化养殖迅速发展，把现代科学技术用于奶牛的精细化养殖，是规模化奶牛养殖取得良好效益的重要途径。在不同的生长时期和泌乳期各阶段，奶牛对营养需求有所不同，养殖中的饲喂策略也要相应调整。精饲料对提高奶牛产奶量作用很大，但成本较高，而且过量摄入精饲料会改变奶牛的进食习惯，影响奶牛健康。因此，在奶牛养殖中针对奶牛个体情况适当调控精饲料的饲喂量非常重要。奶牛体温等生理参数是判断奶牛健康状况和发情情况的重要依据，实时监测奶牛体温的相关数据对科学地进行奶牛养殖管理具有重要意义。

作者查阅了大量的文献资料，掌握了相关领域研究、应用情况及发展趋势，提出了当前我国在奶牛精细养殖中存在的具体问题，并详细叙述了研究涉及的相关概念、理论和方法。以此为基础，设计研究了奶牛精量饲喂系统，用于奶牛养殖过程中精饲料的精量调控和奶牛体温的实时监测。

本书以奶牛个体为研究对象，较为系统地介绍了奶牛精量饲喂系统的原理、结构和各部分的设计方案，旨在为读者提供精细饲喂系统开发的全面认识和参考。全书共6章，第1章主要介绍了奶牛精量饲喂系统研究的背景、目的及意义。第2章主要介绍基于射频识别的奶牛个体识别系统的基本原理、组成结构和设计方案，并介绍了射频识别系统的主要影响因素和测试方案。第3章主要介绍了饲喂系统给料装置的组成和设计原则，以及给料装置主要参数确定的方法与过程。第4章主要介绍了给料称重系统的组成、动力学模型分析和相关控制策略，论述了给料称重主控制器的设计方案和给料实验分析。第5章主要介绍了奶牛体温的变化规律和监测方法、无线传感器网络相关知识和奶牛体温监测系统的设计方案，此外，还针对提高无线传感器网络能效性的目标，讨论了应用改进路由算法和压缩感知技术的相关研究。第6章主要介绍了系统监控中心软件功能结构以及通信、数据处理、饲喂量决策等各模块的设计方案。

本书第5章中无线传感器网络设计与压缩感知技术研究等相关内容由西南科技大学信息工程学院李珂博士完成，其余内容由西南科技大学信息工程学院范永存完成。

本书得到了四川省科技支撑计划重点研发项目(2017GZ0346)、绵阳市科技计划应用基础研究项目(17YFDZ001)和西南科技大学博士研究基金项目(17ZX7110)的资助。

由于作者水平有限,书中难免存在不妥之处,敬请广大读者批评、指正。

目　　录

第1章　绪　　论

1.1　研究的背景

我国是一个农业大国，农业生产是国民经济的基础，关系到国家经济安全和社会稳定。尽管近年来随着工业、服务业等二、三产业的逐步兴起，农业作为第一产业在国民经济中的比重逐渐下降，但其在国民经济中的地位仍是最为重要的。目前，我国还不是农业强国，农业生产的机械化、自动化程度不高，"三农"（农业、农村、农民）问题非常突出，农民的平均生活水平在全国处于最底层。中国社会的发展很大程度上取决于农村的发展，可以说"三农"问题是直接关系着中国发展的大问题。在 2005 年底和 2006 年初先后出台的《中共中央国务院关于推进社会主义新农村建设的若干意见》与《中华人民共和国国民经济和社会发展第十一个五年规划纲要》中都明确指出：建设社会主义新农村，解决好"三农"问题是各级党委和政府工作的重中之重。

从农业生产的产值对比来看，乳业在现代农业产业结构中是效益最高的产业。在农业发达国家，乳业产值一般占农业总产值的 20%左右，我国目前的乳业发展情况同发达农业国家相比还非常落后，产值仅占农业总产值的 3%左右。2007 年 9 月出台的《国务院关于促进奶业持续健康发展的意见》对促进乳业持续健康发展提出了明确要求，指出了大力发展乳业对我国农业结构的优化、改善居民膳食结构和增强国民体质具有重要意义。在保证粮食安全的前提下，如何积极调整农业产业结构，快速发展乳业等高产值的农业生产已经成为当前农业产业结构调整的首要问题。从系统构成上看，乳业主要由原料奶生产、乳制品加工和市场营销三大系统组成。奶牛养殖业是原料奶生产系统的一部分，是乳业发展的前提。奶牛养殖业的生产过程主要包括奶牛培育、奶牛饲养、疫病防治和原奶生产 4 个环节。其中，奶牛饲养是指包括奶牛饲养的组织形式和饲养方式在内的奶牛的饲喂和管理，是奶牛养殖的基础环节[1]。

随着科学技术的发展，传统的畜牧养殖方式正逐步向现代的数字畜牧业精细养殖生产方式转变。数字畜牧业是数字农业的重要组成部分，其概念是在"十五"期间启动的"863 计划重大专项——数字农业技术研究与示范"中正式提出的。所谓数字农业就是用数字化技术，按人类需要的目标，对农业所涉及的对象和生产全过程进行数字化和可视化的表达、设计、控制、管理。数字农业包含的理论、技术和工程都能应用在动物养殖的整个过程中。所谓精细养殖，既指在养殖过程中利用高新技术对养殖过程中的各个环节加以精确调控，也包含针对养殖的个体情况不同，施以特定养殖方式方法，其根本目的是提升畜产品品质，提高养殖效率和产值[2, 3]。

目前，物联网技术正以前所未有的发展态势逐步进入包括农业在内的社会生活的各个领域。所谓物联网，就是通过传感器、射频识别、全球定位系统等技术，实时采集任何需要监控、连接、互动的物体或过程的相关信息，通过各类可能的网络接入，实现物与物、物与人的泛在连接，实现对物品和过程的智能化感知、识别和管理。物联网技术与农业生产相结合，就产生了农业物联网的概念，其实质就是物联网技术在农业生产和经营管理中的具体应用，利用操作终端及传感器采集各类相关数据，通过无线传感器网、移动通信网和互联网实现信息传输，通过操作终端实现农业生产过程监控。农业物联网技术的产生与发展为数字畜牧业的发展提供了更加广阔的空间。

奶牛养殖业发展空间很大，在大力发展奶牛养殖业的新形势下，特别是规模化奶牛养殖过程中，以奶牛个体信息为基础的精细饲养是现代奶牛科学饲养的主要研究方向。

1.2　研究的目的与意义

1.2.1　研究的目的

奶牛在生长发育的不同时期和泌乳期的各阶段对营养需求不同，因而相关饲喂策略也有所不同。饲养重点要注意围生期、泌乳高峰期、泌乳后期、干奶前期等几个阶段。奶牛现期营养水平对产奶量和乳的成分有较大影响，饲养实践证明，为提高泌乳量和乳脂率，奶牛日粮中以精料占 40%～60%，粗纤维占 15%～17%为宜。采取奶牛营养专家提供的饲喂策略，对奶牛进行精饲料补饲可以提升奶牛产奶量。奶牛精饲料的合理饲喂量与奶牛产奶量有一定关系，一般每产 2.5～3kg牛奶，增加 1kg 精饲料。每头奶牛每天精饲料饲喂量不能超过 12kg，同时为减缓瘤胃酸度上升，精饲料量大时应该增加饲喂次数。由于精饲料成本较高，并且过量摄入精饲料会引起奶牛瘤胃酸度升高，影响奶牛健康[4-7]。因此，针对奶牛个体情况，对精饲料饲喂量的适当调控，可以显著提高饲料报酬，节约成本，提升产能。在养殖过程中，奶牛健康状况是最受关注的问题之一。奶牛身体状态和健康情况通常会由各项生理参数反映出来，其中最具有代表性的生理参数就是体温。

奶牛正常体温为 37.5～39.5℃，疾病(如牛瘤、大叶肺炎、牛败血症等)、热应激等原因会使奶牛体温上升，出现发烧的症状。这不仅影响奶牛正常的采食活动，还会使奶牛产奶量降低，更严重的可能危害奶牛健康，甚至导致死亡。另外，在奶牛发情阶段，体温也会出现升高的现象，对奶牛体温进行监测也是判断奶牛发情的主要手段之一[8]。传统测量奶牛体温是采用直肠测温的人工方法，这种方法不仅效率低下，而且测温时间较长，很难实时准确地获取每一头奶牛的体温数据，不适合规模养殖奶牛采用。基于以上原因，在现代规模化奶牛养殖过程中，切实有效地对奶牛精饲料饲喂进行调控，并实时准确地获取奶牛生理参数信息为饲养管理服务，成为迫切需要解决的问题。

传统的奶牛养殖采用粗放饲养模式，主要利用养殖人员的经验对奶牛的饲喂过程、健康状况和发情进行判断和处理，效率十分低下。目前，我国奶牛养殖专业技术人员严重不足，相关自动饲喂装置落后，已经成为制约奶牛养殖业发展的巨大障碍[9]。本书的目的是利用高新科技手段，结合领域专家的专业知识，针对奶牛个体不同阶段进行精饲料饲喂调控，并且将实时获取的奶牛采食量和奶牛体温等相关信息通过无线通信方式上报给监控中心，实现奶牛精饲料精量饲喂和奶牛体温信息的远程实时监控，为生产管理者针对奶牛个体进行精细养殖提供数据支持和判断依据。

1.2.2　研究的意义

我国对农业战略性的结构调整将畜牧业作为重点扶持的产业，而畜牧业中，乳业起步相对较晚，发展潜力巨大，成为畜牧业中优先发展的产业。近年来，我国奶牛养殖业取得了长足的发展，2015 年奶牛存栏达到 1507 万头，较 2006 年增长 40.97%。2015 年后，上游乳企开始主动淘汰低产乳牛，引进效率更高的品种，供给收缩明显，2016 年国内奶牛存栏量增速显著下降，存栏出现负增长，同比减少 6.2%，预计 2017 年存栏量会继续下降。

中国奶牛养殖业起步较晚，传统的奶牛养殖以散养和小规模家庭养殖(规模低于 20 头)为主，商业化程度较低。随着中国乳品加工业的快速发展，传统的养殖模式越来越不适应发展要求。在"三聚氰胺"事件后，上游乳企大幅新建与扩建规模化牧场，奶牛养殖规模开始发生重大变化，小规模养殖的比例在逐渐下降，而以养殖小区、奶牛合作社和自有牧场为组织形式的规模化养殖方式比例在快速提高。在奶牛养殖规模化发展的新形势下，如何利用现代高新技术手段，提高养殖产值和产品质量成为首要问题。由于奶牛的生产过程比较复杂，其繁殖、营养、管理、改良等工作技术性都较强，在实践中经常会遇到奶牛种质参差不齐、奶牛饲养管理技术不规范等问题[10]。

在规模化奶牛饲养过程中，利用快速发展的高新科技，可以精确控制奶牛饲料饲喂量，提高饲料报酬，节约生产成本。同时，结合奶牛采食活动情况，对奶牛体温等主要生理参数进行监测，有助于养殖者判断奶牛健康状况和发情情况，为奶牛配种繁育和疾病的早期判断提供可靠的依据。利用传感器技术、自动控制技术、无线通信技术、软件编程技术、专家系统等高新科技，研究设计奶牛精量饲喂系统服务于奶牛养殖，可以实现对奶牛个体精饲料补饲过程中的饲喂量调控，并对奶牛个体的采食量数据、奶牛体温等生理参数进行远程实时监控，对提高奶牛养殖的生产效率和提升奶牛养殖业的产能具有十分重要的意义[11]。

1.3　国内外研究动态和趋势

1.3.1　国外相关研究情况和趋势

发达国家对奶牛精细养殖的相关研究开始较早，研究成果的推广很快，应用效果良好。20 世纪 80 年代，荷兰就已经建立了数字化奶牛场，对奶牛养殖过程中的各种相关数据进行自动记录，并通过计算机软件的运算分析，给出奶牛所需的饲料量，进行精细化饲养。保加利亚的专家在 20 世纪 90 年代也研制出了能够进行自动饲喂的计算机控制系统，该系统能够按照事先设定的每头奶牛的需要来投放饲料，系统依靠奶牛项圈上的微型无线电发射器识别奶牛个体。澳大利亚的学者利用传感器、无线发报机和计算机设计了奶牛综合监控系统，该系统能够实时获取每头奶牛的体重、牛奶产量、产奶期、怀孕期生理参数等相关情况，并能计算出每头奶牛获得最佳效益所需的最佳饲料量，将饲料投入每头奶牛的饲喂位置处。以色列由于可供放牧的场所极少，因此其奶牛饲喂自动化系统的应用较早，技术水平也相当高。以色列推出的阿菲金牧场管理系统，集成了流量计、奶牛身份识别器、计步器、管理和分析软件、奶牛分类系统、奶牛称重系统和自动化个体喂料系统。此系统已经销售到几十个国家和地区，在国内也有多家牧场使用，效果良好。

德国霍恩海姆大学的研究人员研制成功一套先进的全自动化奶牛饲养系统。利用这套系统，可以对奶牛的采食行为进行监控，精饲料的饲喂量可根据奶牛的体重、产奶量、乳脂率等几个指标来确定，粗饲料由奶牛自由采食，从而提高了饲料利用率。据美国农业部统计，美国有 20% 以上的奶牛场在使用 IT 技术养牛，利用蓝牙、Wi-Fi 和射频识别（radio frequency identification，RFID）等技术监测并记录牛栏里牛的活动情况，利用生化传感器测量每头牛的活动量以及繁殖时的体温和早期病症。美国 Tenxsys 公司研制了形状像一粒药片的"Smart Bolus"温度传感器，放在牛的瘤胃里，对奶牛体温数据进行监测[12]。

此外，日本、加拿大等农业发达国家都已经把计算机技术、自动化技术和信息技术与奶牛饲喂的营养调控模型相结合，应用于奶牛饲喂和管理环节。采用以奶牛个体信息情况为对象的精细养殖技术和措施，使这些国家的奶牛养殖场整体生产水平比传统管理模式有了很大提高。目前，国外农业发达国家的奶牛精细养殖技术呈现出高集成、低成本、模块化、通用化和网络化的特点。

1.3.2　国内相关研究情况和趋势

我国在奶牛精细养殖领域研究的起步较晚，官方正式提出数字农业与精细养殖的概念是在 2003 年。近年来，随着政府和社会各界对该领域的重视和奶牛养殖生产的实际需要，我国的科研工作者做了大量的研究，奶牛精细养殖发展迅速。柳平增、谭春林等分别对奶牛个体自动识别和奶牛自动给料装置的相关技术进行了试验研究，取得了一定进展[13, 14]。王中华等在数字技术在奶牛生产过程中的应用方面做了较为深入的研究，并设计了奶牛数字化精准饲养装置。该装置由单片机系统控制的给料装置、称重系统组成，并采用有线方式与上位机连接。供料机构通过电磁机构控制出料闸板的开启与关闭，饲料的投放量由称重传感器精确计量。投料结束后，门禁栏杆开启，奶牛进入饲喂区从饲喂槽中采食饲料，实现奶牛个体的数字化精细饲养[15]。熊本海等采用 CORBA 和 JAVA/XML 技术建立了奶牛精细饲养综合技术平台，实现了分布式跨平台的远程信息处理。该平台可以使用网络浏览器或手持 PDA 等方式进行奶牛生产数据输入，由构架在远程服务器上的主程序进行运算，提供特定养殖问题的解决方案。系统的设计为实现奶牛精细饲养提供了具有重要意义的参考方案。方建军采用管控一体的设计思想，利用单片机控制技术，提出了吊装在轨道上的自动饲喂机器人的设计方案[16]。花俊国等开发了由微处理器控制的自动饲喂系统，采用 RFID 系统对奶牛的编号和身份进行自动识别，通过系统总线与奶牛饲喂控制台通信，由奶牛饲喂控制台发出给料信号，按预定的给料量自动下料，供奶牛采食[17]。

国内很多养殖企业也积极进行奶牛精细养殖技术的研发和成果的推广。广州和上海的两个奶牛场，于 20 世纪 90 年代率先引进了美国、加拿大的奶牛管理软件来指导生产。随后上海益民软件公司推出中文版本的乳业之星软件包应用于广州市华美牛奶公司，我国奶牛养殖业从此走进网络化管理时代。2004 年，北京市饲料科学技术研究所与北京市粮食科学研究所联合开发了 9WAFM-II 型奶牛精准饲喂系统，该系统采用奶牛无源自动识别技术，自动识别奶牛个体。主机以"维持"和"产奶"两种方式决定补饲配合精料量，可大大提高饲料的利用率，充分发挥奶牛的生产性能。贾北平通过 18B20 温度传感器检测奶牛体温等生理参数，系统通信采用了无线射频通信技术和有线通信相结合的方式[18]。沈阳农业大学杨勇运用模糊数学理论建立奶牛发情识别数学模型，设计了奶牛发情监测系统。随着研究的深入，在奶牛发情检测、自动挤奶、奶牛疾病自动化监测等相关领域的研究成果也陆续出现。

大部分国内研究都以给料装置或软件平台的形式来实现奶牛的精细养殖，这样就存在着饲喂调控策略相对固定、调控策略执行相对滞后等问题，无法在线进行饲喂策略的执行和更改。而且大部分系统都是将饲料投放量作为奶牛采食量，若投放的饲料并未被奶牛全部进食，则可能造成奶牛实际采食量数据的偏差。绝大多数给料装置只能获取奶牛采食数据，不能实现数据的远程实时监控，并且无法同时获取奶牛体温等生理参数，这都不利于奶牛养殖过程的管理和调控。这些不足之处，正是今后奶牛精细养殖领域急需解决的问题[19]。

1.4　本书研究的主要内容

奶牛精量饲喂系统采用分布式设计方案，综合运用自动控制技术、农业物联网技术、通用分组无线服务 (general packet radio service，GPRS) 网络技术、Internet网络通信技术和专家系统技术，针对奶牛养殖过程中精饲料的补饲环节，根据不同生长阶段的奶牛个体饲喂策略，实现对奶牛精饲料饲喂量的调控，提高饲料报酬，增加奶牛养殖产能。同时，系统还对奶牛个体的体温这一重要生理参数进行实时监测，并将体温数据和采食数据通过无线通信方式上传给远程的监控中心计算机，为奶牛养殖管理提供实时准确的数据信息。奶牛精量饲喂系统总体设计结构如图 1-1 所示。

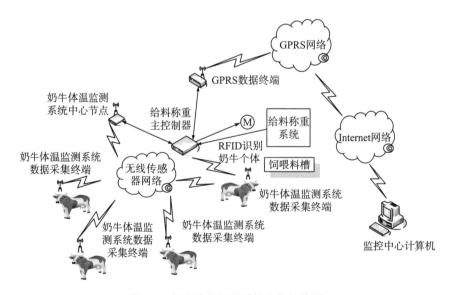

图 1-1　奶牛精量饲喂系统总体结构图

奶牛精量饲喂系统的主要工作过程是利用 RFID 技术识别出佩戴电子标签的奶牛个体,通过 GPRS 网络和 Internet 网络将奶牛身份信息传递给远端的监控中心计算机。监控中心计算机上运行的监控软件接收到奶牛身份信息数据后,利用推理机程序在相应知识库中搜索相关知识,形成饲喂规则,确定精饲料饲喂量,并对给料称重系统发送相关指令进行定量给料。奶牛采食结束后,给料称重系统称量剩余饲料量,并结合饲料投放量计算出奶牛实际采食量传送给监控中心计算机。奶牛体温监测功能运用农业物联网技术,由红外温度传感器和以 ZigBee 为核心技术的无线传感器网络实现。红外传感器位于奶牛体温监测系统数据采集终端,该终端设备佩戴在奶牛颈部,实时监测奶牛体温数据。监测到的奶牛体温数据经由无线传感器网络汇聚到网络中心节点,并通过 GPRS 数据终端发送到远程的监控中心计算机上。监控中心计算机运行的监控软件将所有接收到的数据进行相关处理后再进行显示和存储。用户通过监控软件,可以查询奶牛采食量、体温等相关数据的实时信息和历史信息,还可以通过更改知识库中的信息,修改饲喂决策,保证决策的及时执行。

系统的主要研究内容有:

(1)在研究分析奶牛个体识别技术的基础上,确定奶牛个体识别方案和防冲突措施,完成识别系统设备选型与读写器通信接口设计。

(2)综合对比常见的给料方式,设计奶牛精量饲喂系统给料装置。

(3)结合给料装置,研究给料称重工作过程的相关理论和模型,设计给料称重系统及其控制系统。

(4)研究农业物联网相关理论知识,根据奶牛特点,设计组建奶牛体温监测系统的无线传感器网络,完成数据采集终端和中心节点的软、硬件设计。结合奶牛体温监测系统网络的工作特点,研究合适的网络路由算法,在保证系统良好工作的前提下,降低能耗,延长网络生存时间。

(5)研究通信技术,分析系统结构和工作过程,实现奶牛精量饲喂系统的通信功能。系统的通信功能主要包括给料称重环节通信和远程通信。给料称重环节通信是给料称重主控制器对给料称重过程中检测数据和控制数据的传输。远程通信包括上报监控中心计算机的奶牛编号、采食量、奶牛体温等信息,也包括监控中心计算机下发的饲喂量等命令信息。系统的给料称重环节通信采用基于串行通信的主从方式实现,远程通信采用 GPRS 数据终端,通过 GPRS 网络实现。

(6)编写监控中心计算机监控程序,建立奶牛精量饲喂系统数据库和针对奶牛个体不同时期的精饲料饲喂量知识库,实现针对不同奶牛个体的饲喂量决策功能,并完成奶牛精量饲喂系统数据的通信、处理和存储功能。

(7)结合研究成果,试制相关实验系统,完成对系统各功能模块的测试工作。

第 2 章　奶牛个体识别系统研究

2.1　奶牛个体识别技术介绍

对奶牛个体进行准确快速的识别是奶牛精量饲喂系统的工作前提。只有在准确快速识别出当前进行采食的奶牛个体后，才能根据预先设定的饲喂策略确定奶牛个体本次采食的合理饲喂量，并以此为依据进行精饲料的给料控制。同时，对动物个体进行标识和登记，可以实现对奶牛饲养过程、奶产品加工、存储、运输与销售等各个环节相关信息的记录。在发生疫情或出现质量安全等事件时，能对相关各个环节可能出现的问题进行有效追踪和溯源，以便及时采取相应措施。

用于动物个体识别的动物个体标识方法主要有传统动物标识方法、条形码标识方法、射频识别方法等。

2.1.1　传统动物标识方法

传统动物标识方法自远古时代动物从野生状态驯化为人工饲养家畜的过程中就开始使用了。当时其主要目的是表示畜主所有权或满足畜禽育种需要。早在 3800 多年前，中国就用烙铁在身体上做标记(或耳朵上打缺口)来标识马匹，该标识方法迄今仍在使用。在畜牧生产中，常见的传统动物标识方法有截耳法、刺墨法、角部烙字法、火烫烙号法、笔录法、冷冻烙号法、颜料标识法、耳标法、项圈法、脚环法等。这些标识方法在畜禽个体较少的情况下比较容易实施，识别过程也比较直观有效。但是大多数传统动物标识方法会对动物个体造成一定程度的损伤或不适，并且不能应用于自动化管理，在规模化的畜牧生产中实施较为困难。

2.1.2　条形码标识方法

条形码是信息录入自动化的重要手段，它成本低廉，使用方便。加拿大在 2001 年对肉牛采用一维条形码塑料耳标进行个体标识，来提高养殖阶段肉牛标识号的自动识别水平。2002 年又建立了强制性的牛标识制度，要求所有的牛采用 29 种经过认证的条形码、塑料悬挂耳标或电子耳标来标识初始牛群。2002 年，澳大利亚采用塑料耳标方式对国内生产的羊进行产地标注和个体标识。这种方法被畜牧业发达的国家普遍采用，并进一步应用于对畜牧产品(如生肉、蛋、奶等)的标识。

2.1.3　RFID 方法

在动物个体识别中，特别是牛的饲养上，目前应用最多的就是 RFID 技术，即射频识别技术。国际标准化组织于 1996 年制定了用于动物 RFID 的 ISO 11784 和 ISO 11785 标准，这两项标准规定了动物识别的代码结构和技术准则。该 RFID 标准工作频率为 134.2kHz，主要有项圈电子标签、纽扣式电子耳标、皮下注射式电子标签、瘤胃式电子胶囊等几种应用形式。其中项圈电子标签和纽扣式电子耳标由于使用相对方便常应用于饲料自动配给与牛奶产量测定[20]。当前国内有部分厂家出于成本等因素的考虑，应用 125kHz 工作频率的低频射频技术进行动物的个体识别。但由于技术标准等原因，国际上对动物个体识别 RFID 技术主要还是以国际标准化组织规定的 134.2kHz 工作频率为主。

2.1.3.1　RFID 系统工作机制

本书中奶牛个体识别系统采用了基于射频原理的非接触式 RFID 自动识别技术。它以无线电通信技术和大规模集成电路为核心，利用射频信号及其空间耦合和传输特性，驱动电子标签电路发射其存储的唯一编号，具有识别过程非接触、识别速度快、准确率高等诸多优点。RFID 技术起源于第二次世界大战期间英国空军开发的敌我识别(identification friend or foe, IFF)系统，后来经过几十年的发展，广泛应用于社会生活的各个领域。基本的 RFID 系统由电子标签(tag)、读写器(reader)、天线(antenna)等几部分组成[21]。

RFID 系统的电子标签由存储编码的芯片和标签天线(或耦合线圈)组成，其芯片中的编码空间足够大，使得该编码成为唯一的编号。用具备唯一编号的电子标签来标识某个物体，通常被标识的物体称为对象(object)。读写器通过发射天线发送一定频率的射频信号，当电子标签进入发射天线工作区域时产生感应电流，电子标签获得能量被激活并通过内置天线发送自身编号等信息，读写器接收天线收到电子标签发送的载波信号，经过相应的解调和解码获得电子标签发送的信息，完成识别过程。读写器获取的电子标签信息可以传送到上级系统或其他设备，针对不同的应用，做出相应的处理。在识别过程中，电子标签发送的信号除唯一编号信息外，还可以包括预先写入其芯片中的代表被标识对象的其他信息[22]。RFID 系统的组成如图 2-1 所示。

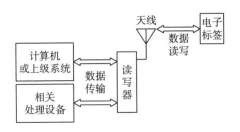

图 2-1　RFID 系统组成

2.1.3.2　动物 RFID 国际标准

应用 RFID 系统对动物进行识别的国际标准 ISO 11784 和 ISO 11785 分别规定了动物识别的代码结构和技术准则。

ISO 11784 标准规定的代码结构为 64 位，其具体含义如表 2-1 所示，其中的 27～64 位可由各个国家自行定义。

表 2-1　ISO 11784 标准代码结构

位序号	信息	说明
1	动物应用 1/非动物应用 0	应答器是否用于动物识别
2～15	保留	未来应用
16	后面有数据 1 后面/没有数据 0	识别代码后是否有数据
17～26	国家代码	说明使用国家，999 表明是测试应答器
27～64	国内定义	唯一的国内专有的登记号

ISO 11785 标准规定了电子标签的数据传输方法和读写器规范，规定的工作频率为 134.2kHz，数据传输方式有全双工和半双工两种。阅读器数据表示方式为差动双相代码(differential binary phase，DBP)，要求每一位中都要有一个电平转换。这种代码的最大优点是自定时，同时也有检测错误的功能，如果某一位中间缺少了电平翻转，则被认为是违例代码。应答器采用频移键控(frequency shift keying，FSK)调制方式和不归零(none return to zero，NRZ)编码。由于充电时间和工作频率使得该标准下的通信速率较低，在 132.4kHz 工作频率下，传输频率为 4194bit/s。动物 RFID 国际标准的制定统一了行业技术指标，推动了动物 RFID 技术在各个国家的应用。

2.1.3.3　动物 RFID 国家标准

中华人民共和国国家质量监督检验检疫总局和中国国家标准化管理委员会在 2006 年 10 月发布了国家标准 GB/T 20563—2006《动物射频识别代码结构》，并于 2006 年 12 月 1 日起实施。这项标准是根据 ISO 11784—1996《射频识别——动物代码结构》的总体原则，并结合我国动物管理的实际情况编制而成。畜禽标识实行一畜一标，编码具有唯一性。畜禽标识编码由畜禽种类代码、县级行政区域代码、标识顺序号共 15 位数字及专用代码组成，其中猪、牛、羊的畜禽种类代码分别为 1、2 和 3。我国畜禽标识编码形式如表 2-2 所示。

表 2-2　我国畜禽标识编码形式表

编码位数(左起)	含义
1	畜禽种类(牛的种类编码为 2)
2～7	县级行政区域代码
8～15	标识顺序码

国家 RFID 动物代码标准适用于家禽家畜、家养宠物、动物园动物、实验室动物、特种动物的识别，也适用于动物管理相关信息的处理与交换。RFID 动物代码国家标准的颁布，对于我国奶牛养殖业中的生产管理过程和产品溯源等食品安全管理工作提供了规范的统一标准。

2.2　RFID 系统的组成

2.2.1　电子标签

电子标签是一个微型无线电收发装置，当电子标签进入读写器天线工作区域时将其存储的数据发送给读写器。当前绝大部分的通用电子标签内部都包含内存和集成电路芯片，可以承载更多被标识对象的信息，在此本书只讨论这种含有芯片的电子标签。根据其内部有电源与否可以把电子标签分成被动标签、主动标签和半主动标签(也称半被动标签)三类。

被动标签的内部没有电源，工作时从读写器发射的射频信号中获取能量，因此被动标签的生产成本较低。在实际应用中，被动标签被制成各种形状和尺寸，广泛应用于动物追踪与识别、工业生产、仓储物流、商品管理、安全监控等各个领域[22]。

主动标签的内部有电源，这是其与被动标签最大的区别。主动标签一般以内部电池作为工作能量来源，因此不需要读写器的能量就可以发送数据。这使得主动标签具有更长的识别距离、更高的数据传输精确性、更强的数据处理能力和更复杂的功能。同时，由于电池的加入增加了主动标签结构的复杂性和制造成本，并且使用寿命在电池的制约下也大大缩短。通常，主动标签用于识别距离较大的重要标识对象，如贵重珠宝首饰、珍稀动物、军事装备、重要人员等。

半主动标签与主动标签相似，工作能量也来自内部的电池，不同的是在大部分时间半主动标签并不对外发送信号，处于不工作状态。当半主动标签进入读写器天线工作区域时，被读写器发出的电磁场激活，此时开始利用自身内部电池进行工作，发送数据信号。由于半主动标签的工作特点，电池工作时间大大减少，使用寿命得到了延长。由于发送数据时采用的电池能量，半主动标签的数据传输过程具备了与主动标签相同的优点，在交通车辆控制、电子收费等领域应用广泛。

对于应用较多的被动电子标签而言，一般来说电子标签在工作时都要依附在被标识对象上，其封装形式和尺寸大小应根据被标识对象的特性和使用环境来确定。既要考虑电子标签与被标识对象的对应关系，又要考虑环境中的具体因素，使电子标签具备防潮、防污、防干扰等功能，保障其工作性能。

2.2.2 读写器

读写器是获取和处理 RFID 电子标签数据的装置，在 RFID 系统中起着举足轻重的作用。首先，读写器的频率决定了 RFID 系统的工作频率；其次，读写器的功率直接影响到 RFID 的距离。对被动标签和半主动标签而言，读写器的首要功能是激活标签，即提供必要的能量使在其工作范围内的电子标签开始工作。有些读写器不具备向电子标签数据存储区写入数据的功能，称为识别器。读写器的工作范围与其发射功率和天线尺寸有关系，各个国家和地区在不同工作频率上对读写器一般都有功率上的限定。工作频率是影响电子标签和读写器之间通信的最重要的因素之一，根据应用要求和各国家与地区的标准而确定[23]。RFID 系统常用的工作频率范围和特性如表 2-3 所示。

表 2-3 RFID 系统工作频率及特性

频率范围	关键特性	典型应用
(30～300) kHz	低频(LF)，在金属和液体环境中工作得比较好，数据传输率最低，读取范围在几厘米到几十厘米	动物识别、含液体的物品、工业自动化、门禁控制
(3～30) MHz	高频(HF)，比 LF 标签读取范围长(可达 3m)，比 LF 标签成本低，在金属附近性能差	智能卡、门禁控制、防伪、各种跟踪应用(如跟踪识别书、行李、服装等)、人员识别和监视
30MHz～2GHz	超高频(UHF)比 HF 读取范围大(接近 10m)，主动标签的系统范围更远(约 100m)，具有提供低成本标签的潜力，易于受液体和金属干扰	供应链、后勤保证、存货控制、仓库管理、财务跟踪
大于 2GHz	微波，传输速率高，常用于主动或半被动标签，读取范围类似于 UHF 或略远，在液体和金属附近性能差	门禁控制、电子收费、车辆识别、工业自动化

从硬件结构上，读写器可以分成射频通道模块、控制处理模块和天线三个部分，其结构如图 2-2 所示。读写器的接口决定了读写器与上级系统或其他设备的通信方式，工程中读写器常用的接口方式有串行接口(RS232、RS485 等)、以太网接口(RJ45)、通用串行总线(universal serial bus，USB)接口、无线通信接口(蓝牙、GPRS 等)等。

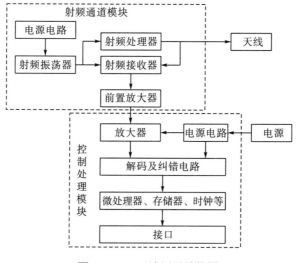

图 2-2　RFID 读写器结构图

2.2.3　天线

读写器的天线根据感应区域形状可分为线性和圆极化两种类型。线性天线产生的是一个集中定向的电磁场，由于能量相对集中，线性天线读取电子标签的距离更远，穿透性更强，但电子标签必须在集中定向的电磁场区域内才能正常工作，偏离这个区域，即使距离较近，也可能无法接收到读写器的电磁场能量。圆极化天线产生一个无明确方向的环状电磁场，减小了电子标签方位对识别过程的影响，但是识别距离比线性天线有所下降。读写器可以同时驱动多个天线，以提高工作性能，也有些读写器将天线集成在内部方便携带使用。

2.3　奶牛个体识别系统设计

2.3.1　RFID 系统方案

研究采用的 RFID 系统主要由耳标式电子标签和读写器两部分组成。当奶牛个体有采食要求并接近饲喂料槽时，安装在饲喂料槽处的 RFID 读写器读取奶牛耳朵上佩戴的电子标签中保存的相关数据信息，从而识别出当前奶牛个体，然后读写器将数据发送到给料称重系统，进行下一阶段的给料工作。

在识别系统设计时，采用编号为 1 和 2 的两种读写器工作的方式。2 号读写器放置在料槽上方，1 号读写器沿奶牛经过通道方向间隔约 1m 布置，这个距离超出了读写器的工作范围，可以有效防止读写器碰撞现象的发生。在初始状态，奶牛开始进行采食活动时，要到达饲喂料槽必须先经过 1 号读写器，1 号读写器识别出奶牛佩戴的电子标签编号，系统准备工作。当奶牛到达饲喂料槽前，位于饲喂料槽上方的 2 号读写器获取到与 1 号读写器相同的电子标签编号，给料称重系统开始工作，根据设定进行定量投料。此时 2 号读写器停止工作，而 1 号读写器也不响应其他编号的电子标签。当奶牛采食结束后，奶牛离开饲喂料槽，经过 1 号读写器，1 号读写器获取的电子标签编号与饲喂开始时获取的电子标签编号一致，则认为饲喂结束。此时系统进行后续饲喂料槽称重等任务，后续任务完成后 2 号读写器重新启动，识别系统恢复初始状态。

2.3.2　影响奶牛个体识别系统工作的主要因素

RFID 系统是芯片技术、无线电技术和计算机技术的结合，在应用上，势必受到这些技术的制约。在实际工作中，影响 RFID 系统工作的主要因素主要有以下几个方面。

1）环境的影响

对 RFID 系统工作影响最大的是存在于工作环境中的电磁干扰。各种电气设备在工作时会向外界辐射各种频率的电磁波，这些电磁波会对 RFID 系统工作产生干扰，影响读写器的识别率。另外，工作环境内其他无线电设备发出的相同频率的无线电信号对 RFID 系统通信带宽的占用，对 RFID 系统工作也会造成严重影响，甚至可以导致系统无法工作。对于这类电磁干扰，应该考虑在提高 RFID 系统自身过滤屏蔽干扰信号能力的同时，合理调整 RFID 设备的位置，达到良好的抗干扰效果，保障 RFID 系统正常工作。潮湿的环境、粉尘等因素也会对 RFID 系统工作造成不利影响，其解决方法是对设备加装外壳，并对外壳和接线端进行密封等防潮、防尘和防污处理。

目前的 RFID 技术，在工作中遇到吸收电磁波或阻碍电磁波传输的材料时，传输效果都会受到很大影响。在 RFID 系统工作环境中，如果存在大量金属、水等物质，RFID 系统读写器对电子标签的识别准确性会受到影响。在实际工作中应该考虑尽量确保在读写器和电子标签之间无障碍，配合调整读写器读写距离、读写器功率等工作参数，减小工作环境对 RFID 系统工作的影响[24, 25]。

2）RFID 系统碰撞影响

在 RFID 系统工作时，有可能出现在一个读写器的作用范围内存在多个电子标签的情况，由于同一系统内电子标签的工作频率相同，多个电子标签同时传输数据时就会产生数据冲突，使得各电子标签的传输数据相互干扰，导致数据失真或丢失。这种现象通常称为识别碰撞（identifying collision）。RFID 系统的读写器和电子标签通信时产生碰撞主要有读写器碰撞和电子标签碰撞两种类型。读写器碰撞又分为读写器干扰和电子标签干扰，这两种干扰都是由多个读写器作用范围发生重叠而引起的，可以通过合理布置读写器或调整读写器识别距离来消除。电子标签碰撞出现在一个读写器作用范围内存在多个电子标签并同时传输数据的情况下，由数据互相碰撞干扰而造成信息丢失。

2.3.3　电子标签与读写器的选择

1）电子标签的选择

由于电子标签安放于奶牛头部，同无源电子标签相比，有源的主动标签通常体积和重量都相对较大，对奶牛的影响也会增加，此外还存在更换电池等额外的附加工作。因此，本书设计的识别系统选择了深圳杰瑞特科技有限公司生产的 SMC 型动物用电子耳标。其内部封装了标识动物个体专用的无源电子标签。本书选用的电子耳标实物如图 2-3 所示，其工作特性如表 2-4 所示。

图 2-3　SMC 型电子耳标

表 2-4　SMC 电子耳标工作性能

工作性能	指标
工作频率	134.2kHz
工作温度	−20～80℃
工作湿度	95%RH
读写距离	0.15m（固定读写器工作范围，存在±5%变动）
重量	4.3g
数据保存时间	≥20 年

电子标签的工作过程是通过外部线圈及内部集成的电容一起组成谐振电路，从读写器产生的连续磁场中获取启动能量。芯片从内部的存储器中读出数据，并

通过与线圈并联的负载的通断产生深幅调制，将由存储器读出的数据发送出去。通过对读写器产生的连续磁场的调制，可以更新存储器中的数据和执行各种命令。在全双工通信模式下，电子标签通过活化场获得能量，不需要调制过程，并立即将存储的数据转换成差分二相代码进行传输[25]。当工作频率为 134.2kHz 时，传输速率（位率）为 4194bit/s。

2）读写器的选择

读写器输出功率在一定程度上决定了 RFID 系统的识别距离，根据 RFID 系统的电磁理论可以得出识别距离 r：

$$r = \frac{\lambda}{4\pi} \sqrt{\frac{P_t G_t G_r \tau}{P_{th}}} \qquad (2\text{-}1)$$

式中，r 为 RFID 系统识别距离，m；λ 为 RFID 系统工作电磁波波长，m；P_t 为读写器输出功率，W；G_r 为读写器天线增益；G_t 为电子标签天线增益；P_{th} 为提供电子标签芯片电路的功率最小阈值，W；τ 为功率传输系数。

式（2-1）中的功率传输系数 τ 可用下式表示：

$$\tau = \frac{4 R_c R_t}{\left| Z_c + Z_t \right|^2} \qquad (2\text{-}2)$$

式中，R_c 为电子标签芯片输入电阻；R_t 为电子标签天线输入电阻；Z_c 为电子标签芯片输入阻抗，表示为

$$Z_c = R_c + jX_c$$

Z_t 为电子标签天线输入阻抗，表示为

$$Z_t = R_t + jX_t$$

从式（2-1）可以看出，RFID 系统的识别距离除受读写器输出功率的影响外，还和天线的增益及是否使用有源标签有很大关系。在系统条件允许的情况下，增加读写器和电子标签的天线增益或采用有源的主动标签都可以增加 RFID 的识别距离。由于本书中的奶牛个体识别过程是在奶牛靠近饲喂料槽时进行的，因此，RFID 系统读写器的最大读写距离在 0.15m 以内即可满足识别要求。

读写器采用深圳杰瑞特公司生产的 SMC-R134 型射频读写器，该读写器针对符合 ISO 11784 和 ISO 11785 标准的电子标签信息读取而设计，读取的信息以维根 42、维根 50 或 RS232 格式输出。其工作频率为 134.2kHz，重量约 0.78kg，采用 9V 直流工作电压，读写距离最大可达 0.45m。SMC-R134 型射频读写器实物如图 2-4 所示。

图 2-4　SMC-R134 型射频读写器

SMC-R134 型射频读写器采用桥驱动的方式直接驱动天线，实现对电子标签内编码数据的读取，读取的电子标签内编码数据以维根 42 格式通过 DATA0 和 DATA1 两根数据线对外输出。

3）RFID 系统防碰撞措施

本书中，在奶牛饲喂现场部署读写器时，将读写器之间的距离设定大于读写器作用范围，因此读写器碰撞的问题不会出现。系统主要面对的是标签碰撞问题，即多头奶牛同时出现在读写器附近时产生的冲突问题。

对于电子标签碰撞问题，SMC-R134 型读写器采用基于 TDMA 的 I-Code 防碰撞算法进行处理。I-Code 算法是基于帧时隙 ALOHA（framed slotted ALOHA，FSA）概念产生的随机无源标签识别算法。这种算法的思想是在读写器与电子标签通信过程中，每一个标签选择一个随机时隙传输数据，每个时隙都存在空闲（没有标签传输）、成功传输（只有一个标签传输）和碰撞（多个标签同时传输）三种可能出现的情况，其时隙分配情况如图 2-5 所示[26]。

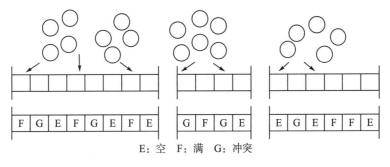

E：空　F：满　G：冲突

图 2-5　I-Code 算法时隙图

在 I-Code 算法中，读写器可根据相应电子标签的数量改变时隙数，因此需要对作用范围内的标签数目进行估计。假设当前读写器检测到的各状态的时隙数为

$$c = (c_0, c_1, c_k) \tag{2-3}$$

式中，c 为读取周期内检测到的时隙数目；c_0 为读取周期内没有标签传输的时隙数目；c_1 为读取周期内只有一个标签传输的时隙数目；c_k 为读取周期内发生碰撞的时隙数目。

若发生碰撞则在时隙内至少有两个标签在传输，因此标签数目下界估计函数可表示为

$$\varepsilon_{lb}(N, c_0, c_1, c_k) = c_1 + 2c_k \tag{2-4}$$

式中，ε_{lb} 为标签下界估计函数；N 为读写器的时隙数目。

根据概率理论可知，当标签数目和时隙数目相等时，系统的吞吐率最大。可以根据估算出的标签数目调整时隙数目，一般时隙数目的初始值为经验值。在得到估计标签数目后，读写器调整时隙数目，并开始新一轮的检测，依次迭代得到

较合适的时隙数目。时隙数目与标签数目分析如表 2-5 所示。

表 2-5   I-Code 算法时隙数目与标签数目分析表

时隙数组	1	4	8	16	32	64	128
标签数组最小值	—	—	—	1	10	17	51
标签数组最大值	—	—	—	9	27	56	129

在本书涉及的奶牛个体识别过程中，电子标签佩戴在奶牛头部，而读写器安装在饲喂料槽附近，奶牛只有进入采食位置，其头部的电子标签才能进入读写器的工作范围。因此，对于射频读写器而言，同时出现在其读写范围内的电子标签数量不可能超过 10 个。根据表 2-5 的分析，奶牛 RFID 系统选用读写时隙最大数值为 16 的 SMC-R134 型读写器，可以有效避免在读写器读写距离内出现 10 个以内电子标签时的读取碰撞问题。当电子标签数超过 10 个时，读写器将重新初始化，并提示电子标签读取故障。

2.3.4 读写器通信接口设计

根据本书对 RFID 方案的设计，识别系统采用两个 RFID 读写器，为实现两个 RFID 读写器与外部电路进行数据通信，采用两个 STC12C5A32S2 单片机分别管理两个 RFID 读写器对给料称重主控制器的数据通信，其接口电路完全一样。RFID 读写器数据输出采用维根 42 形式，两个数据线 DATA0 和 DATA1 分别与单片机的 P2.0 和 P2.1 引脚相连。当读写器成功读取电子标签数据后，以一定时序通过 DATA0 和 DATA1 向外输出电子标签编码数据，其输出数据线时序如图 2-6 所示。

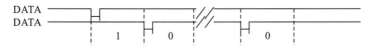

图 2-6   RFID 读写器数据线时序

DATA0 和 DATA1 两条数据线接入与非门（4093），用于产生中断，中断产生电路如图 2-7 所示。

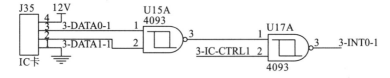

图 2-7   RFID 读写器数据线中断信号电路原理图

在控制端 CTRL1 为高电平条件下，DATA0 或 DATA1 任意一条数据线为低电平时，单片机产生外部中断，相应中断处理程序通过 P2.0 引脚读取 RFID 读写器发送的数据。当控制端 CTRL1 为低电平时，该 RFID 读写器被屏蔽。RFID 读写器管理模块的两个单片机通过串行端口连入给料称重主控制器的 EIA485 总线上，这样，RFID 读写器数据就可以传送到控制模块的单片机，确定发送奶牛个体代码数据的 RFID 读写器位置，进行相关处理。RFID 读写器接口电路原理图参见附录(图 A)。

两个读写器分别用 1 和 2 来编号，对应的单片机也用 1 号和 2 号来区分。由于两个读写器在系统工作时的作用不同，两个单片机的程序也有所区别，但都是通过响应中断来完成相应功能的。1 号机中断处理程序流程如图 2-8 所示，2 号机中断处理程序流程如图 2-9 所示。

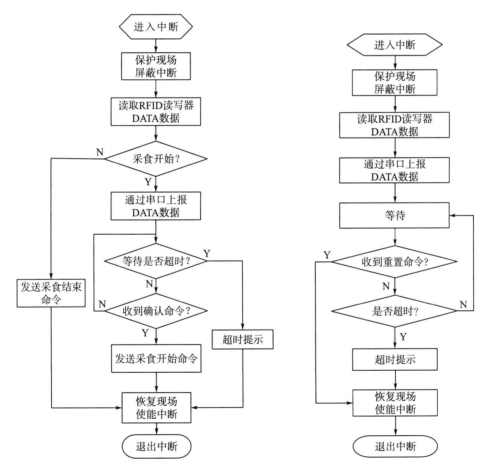

图 2-8　RFID 读写器 1 号管理单片机程序流程　图 2-9　RFID 读写器 2 号管理单片机程序流程

2.4　奶牛个体识别系统测试

2.4.1　奶牛个体识别系统测试方案

为了解所设计的奶牛个体识别系统的工作性能，设计识别方案对选用的电子耳标和读写器及其接口电路进行测试。由于奶牛个体识别系统的射频读写器在位置分布上可以避免读写器碰撞现象的产生，因此，对于奶牛个体识别系统主要进行读写器对单个电子标签识别率和多个电子标签识别防碰撞效果两个方面的测试。测试采用 PC 机通过串行端口与 RFID 读写器管理单片机串行端口连接，通过串口调试助手接收的读取数据来分析 RFID 系统的工作情况。

测试过程中，将读写器与电子标签的识别距离分别控制在 0.05m、0.1m、0.15m、0.2m 和 0.25m，时间间隔 5s 重复识别一次相同电子标签，每个距离测试30 次。

对于单个电子标签识别率的测试，采用相同电子标签重复识别和不同电子标签依次识别的方式进行，测试次数为 30 次。对于多个电子标签防碰撞测试采用多个电子标签同时置入读写器读写范围识别的方式进行测试，测试用电子标签数为从 2 个依次增加到 12 个，每个标签识别次数为 30 次。

2.4.2　奶牛个体识别系统测试结果与分析

2.4.2.1　单个电子标签识别率测试结果与分析

在 0.05m、0.1m 和 0.15m 三种距离下，读写器对单个电子标签识别的准确率为 100%，能够全部准确获取电子标签的编码。更换其他电子标签重复进行上述三个识别距离的测试，其结果基本相同，所测试的全部电子标签均能在这三个距离内进行准确识别。本项测试结果表明奶牛个体识别系统对单个标签在 0.15m 识别距离内能够进行快速准确识别。当识别距离进一步增加，开始出现电子标签漏读现象，当读写器与电子标签的识别距离超过 0.25m 时，基本无法识别电子标签。

由于采用无源方式的电子标签，并且读写器采用圆极化天线，所以系统识别距离基本在 0.15m 以内。当识别距离增加时，由于电子标签无法从读写器天线发射出的电磁场获取足够的激活能量，因此出现漏读，无法实现识别功能。SMC-R134型读写器说明书上最大读写距离 0.45m 应该是配合射频增益模块或采用有源电子标签时的指标。考虑到实际应用中奶牛个体识别系统每次进行识别的时间间隔远大于测试间隔时间，并且工作时的识别距离在 0.15m 以内，因此设计的 RFID 系统可以满足对奶牛个体识别距离的要求。

2.4.2.2　多个电子标签防碰撞测试结果与分析

本部分测试将多个电子标签同时置入读写器 0.15m 的距离内，每 5 秒钟重复识别一次，重复次数为 30 次，测试用电子标签数量从 2 个依次增加到 15 个，其测试结果如表 2-6 所示。准确识别最大标签个数和准确识别次数的数据变化趋势如图 2-10 和图 2-11 所示。

表 2-6　多标签防碰撞测试结果表

测试标签个数	2	3	4	5	6	7	8	9	10	11	12	13	14	15
准确识别最大标签个数	2	3	4	5	6	7	8	9	9	6	2	1	0	0
准确识别次数（共 30 次）	30	30	30	30	30	30	30	28	21	16	9	6	0	0

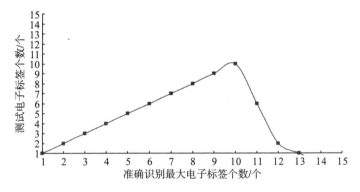

图 2-10　准确识别最大电子标签个数趋势图

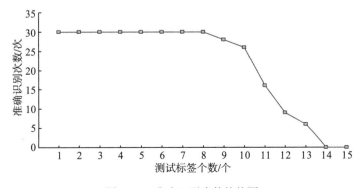

图 2-11　准确识别次数趋势图

　　测试结果表明，射频读写器采用 I-Code 算法在电子标签数目在 9 个以下时，读写器能够正常读写并输出相应电子标签序列号，完成识别和传输，但读取速度有所下降。当电子耳标数超过 9 个时，电子标签出现读取碰撞现象，读写器漏读标签情况严重。随着电子标签数目增加，碰撞现象更加严重，并且能够准确识别的次数也随之下降。由于本书中读写范围和给料装置尺寸的限制，同时进入 RFID 读写器读写范围内的电子标签数量不可能超过 9 个，因此，该 RFID 系统设计能够有效避免工作环境下可能产生的电子标签碰撞现象，满足系统工作的识别需求。

第 3 章　奶牛精量饲喂给料装置设计

3.1　常见给料方式介绍

在奶牛精量饲喂系统进行饲喂工作时，精饲料通过给料装置定量投放给奶牛，给料量由针对奶牛个体信息的饲喂策略决定，并由给料称重主控制器进行控制。给料装置是奶牛精量饲喂系统的关键部位之一。常用的给料机构主要有电磁振动给料、带式给料、刮板给料、叶轮给料、螺旋给料等[27]。

1) 电磁振动给料

电磁振动给料方式主要是通过电磁铁等电磁机构产生振动，使输送到槽中的物料不断被向前抛起移动，从而达到给料目的。电磁振动给料机构具有上料速度快、定向性能优良、工作平稳可靠、结构简单等优点。由于通过输送槽的上下振动来输送物料，因此电磁振动给料机构存在噪音较大和机构振动较明显的问题，对给料称重精度和工作环境的影响较大。而在奶牛养殖环境中，过大的噪音和振动会对奶牛生长和产奶有一定的影响，所以这种给料方式不太适合在养殖现场工作的奶牛饲喂系统。

2) 带式给料

带式给料方式在连续运输领域中应用较多，是通过输送带作为牵引构件和承载构件的连续运输机构。输送带绕经传动滚筒、托辊组和改向滚筒形成闭合回路，给料的承载和回程面都支撑在托辊上，由拉紧装置提供适当的张紧力，工作中通过传动滚筒与输送带之间的摩擦力驱动输送带运行，物料在输送带上与输送带一起运动，实现水平或倾斜输送。带式给料机构可以输送块状、粉末状、成箱件等多种形式的物料。其优点是输送距离长、生产能力大且效率高、结构简单、操作连续、动力消耗低、噪音小、可在机身的任何位置装卸物料、维护检修方便等。但由于造价高、不封闭，多用于长距离连续输送的工业生产过程。

3) 刮板给料

刮板给料是一种传统给料方式，多用于输送粉尘、颗粒和粉块状物料，可完成水平给料和一定角度(一般为 150°左右)以内的倾斜给料工作，给料过程中可实现多点进料和多点出料。刮板给料机的结构简单，主要由料槽、链条和刮板组成。刮板给料机的刮板是以特定间隔固定在链条上的，当刮板给料机工作时，固定刮板被埋在待输送物料中，当链条转动时会带动固定刮板运动，从而带动物料运动，完成物料的输送。根据工作需要，可以将料槽设计成敞开式或封闭式，封闭式料槽用于输送各种有毒有害、易燃易爆、易飞扬的物料。刮板式给料机具有结构简单、生产能力大、给料稳定可靠、物料损伤率低等优点，但是其空载功率消耗较大，为总功率的30%左右，不宜长距离输送，并且易发生掉链、跳链事故，制造和维护成本也较大。

4) 叶轮给料

叶轮给料机又称星形给料机。其工作原理是在电机的驱动下，经减速机带动主轴上的叶轮旋转，把物料从上部料仓通过叶轮槽带动至出料口均匀地输送出去。它适用于各种松散非黏性的干燥物料。根据被输送物料性质的特性可配防爆电机、变频调速或电磁调速电机等。但叶轮给料机一般不能实现物料水平方向的输送，当料仓与给料出口位置有一定距离时不能完成给料输送任务。

5) 螺旋给料

螺旋给料装置也称绞龙，是一种无扰性牵引构件的连续给料机械。其工作原理是当转轴转动时，从进料口加入的物料受到螺旋叶片法向推力的作用，在叶片法向推力的轴向分力作用下，实现物料沿着料槽的轴向移动[28]。螺旋给料机具有结构简单和工作可靠等优点，而且在实际生产应用中易于变频调速，通过对电动机的选用和控制较容易实现准确控制给料。

3.2　给料装置的组成及设计原则

同双螺旋给料装置相比，单螺旋给料装置由于结构简单、技术成熟、设计制造成本低廉、易于控制等诸多优点，在工程中应用十分广泛。单螺旋给料装置主要适用于物料流动性差，配料精度要求较高，配料速度要求不高的场合，因此，本书选用螺旋给料机作为奶牛精量饲喂给料装置。奶牛精量饲喂系统不要求给料装置对精饲料的输送距离，但要求较高的给料速度和给料精度，常规的单螺旋给料装置很难满足系统对奶牛精饲料的快速精量给料要求。结合奶牛精饲料物料特性和奶牛精量饲喂的相关要求，对给料装置进行合理设计，是实现奶牛精量饲喂系统功能的基础。

3.2.1　奶牛精量饲喂给料装置的组成

系统研究的给料装置由电机驱动，其给料速度由电机(包括减速机)速度、螺旋给料机直径和螺距来决定。给料装置由料仓、螺旋轴、螺旋叶片、输送槽、称量料斗仓、电动机、卸料门等部分构成，其组成结构如图 3-1 所示。

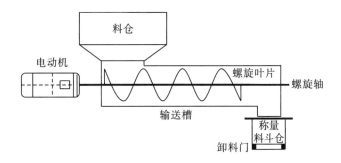

图 3-1　给料装置结构示意图

3.2.2　给料装置的设计原则

按安装形式分，螺旋给料机可分为固定式和移动式；按输送方向或工作转速分，可分为水平慢速和垂直快速两种；根据螺旋叶片形式不同，可以将螺旋给料机分为满面式、带式、齿式和桨式 4 种。为保证螺旋给料机能够连续均匀地进行给料工作，本设计采用工程实际中较常用的固定式水平慢速螺旋给料方式，螺旋轴上的叶片选择满面式。

当慢速螺旋给料机的螺旋体转动时，进入输送槽的物料受螺旋叶片法向推力的作用，该推力的径向分量和叶片对物料的摩擦力使物料有绕轴转动的可能。为保证输送槽内的物料能克服输送槽对物料的摩擦阻力，在叶片法向推力的轴向分量作用下实现轴向输送，慢速螺旋给料机应满足两个条件：一是螺旋体的内升角应不大于叶片与物料的摩擦角的余角，二是螺旋体实际转速不能大于其临界转速[29]。

在设计中，需要确定的主要参数有生产能力、螺旋轴直径、螺旋叶片直径、节距、临界转速等。这些主要参数的确定直接影响给料装置的工作情况，进而影响奶牛饲喂系统的给料称重精度[30]。螺旋轴叶片直径越大或节距越长，在一个节距螺内所存的饲料量就越多，其惯性就越大。同时，螺旋轴叶片与出料口构成空间的随机变化也就越大。这就会造成计量完成后因惯性仍有一定的供料，从而引起计量误差变化范围过大。

螺旋轴叶片直径过小或节距过小，螺旋给料机的输送能力变小，输送效率过低。此外，节距过小还会导致螺旋给料机对物料的适应性变差。因此，合理地确定螺旋轴叶片的直径和节距，可以有效地消除螺旋给料装置的计量误差[31]。

3.3 给料装置主要参数的确定

3.3.1 螺旋给料机生产能力的确定

螺旋给料机的生产能力是指每小时输送的物料量。影响生产能力的因素主要有传输物料的截面积、给料速度、物料性质、充填程度等。充填程度与螺旋给料机安装位置有关，水平安装方式下装满程度大于倾斜安装方式。物料的截面积计算公式为

$$A = \frac{\pi D^2}{4} \varphi C \tag{3-1}$$

式中，A 为螺旋给料机内物料流的截面积，m^2；D 为螺旋叶片的直径，m；φ 为充填系数，选值参见表 3-1；C 为倾斜安装时的修正系数，选值参见表 3-2。

表 3-1　容重及充填系数选值表

物料名称	$\rho/(\text{t/m}^3)$	φ
大豆/蓖麻籽	0.68～0.80	0.60～0.80
花生/粉碎饼块	0.50～0.63	0.60～0.75
油菜籽/芝麻	0.56～0.67	0.80～0.90
葵花籽/棉籽	0.40～0.44	0.65～0.85
米糠/粉状物料	0.30～0.44	0.5～0.55
小麦	0.69～0.72	0.3～0.4
水稻	0.45～0.55	0.3～0.4
玉米	0.68～0.77	0.3～0.4

表 3-2　β（倾斜角）与修正系数 C 的关系表

$\beta/(°)$	0	5	10	15	20	30	40	50	60
C	1	0.95	0.92	0.90	0.86	0.80	0.74	0.7	0.6

在不考虑物料轴向阻滞的影响下，工程中螺旋给料机的轴向给料速度为

$$v = \frac{sn}{60} \tag{3-2}$$

式中，v 为物料轴向给料速度，m/s；s 为螺旋叶片的螺距，m，在粮油、饲料行业中一般取 $0.8 \sim 1D$；n 为螺旋轴的转速，r/min。

慢速螺旋给料机的生产能力 $Q_{慢}$ 的简化计算为

$$Q_{慢} = 3600Av\rho \tag{3-3}$$

式中，$Q_{慢}$ 为慢速螺旋给料机的生产能力，kg/h；A 为螺旋给料机内物料流的截面积，m^2；v 为物料轴向给料速度，m/s；ρ 为物料容重，kg/m^3，选值参见表 3-1。

由公式(3-1)、公式(3-2)和公式(3-3)可得到

$$Q_{慢} = 47D^2\varphi sn\rho C \tag{3-4}$$

奶牛精饲料的容重约为 600kg/m^3，其合理饲喂量与奶牛产奶量有一定关系，一般每产 2.5～3kg 牛奶，增加 1kg 精饲料。一般每头奶牛每天的精饲料饲喂量不能超过 12kg，同时为减缓瘤胃酸度上升，精饲料量大时应该增加饲喂次数[32]。因此，可将每头奶牛单次平均精饲料饲喂量定为 5kg。饲喂规模化养殖场一个圈内的奶牛数大多在 200 头以内，考虑在约两个小时内完成对全部奶牛精饲料给料的最高负荷工作情况，螺旋给料机的生产能力 $Q_{慢}$ 最小为 500kg/h 左右。

3.3.2　螺旋给料机临界转速的计算

螺旋轴的转速对螺旋给料机生产能力的影响较大。通常情况下，随着螺旋轴转速增加，螺旋给料机的生产能力提高，转速减小则给料机的输送量下降，生产能力降低。但当转速超过一定的极限值时，物料会因为离心力过大而向外抛，产生垂直于输送方向的跳跃和翻滚，而不能实现轴向的输送。一般把这个转速的极限值称为临界转速。当螺旋给料机在临界转速或超临界转速工作时不仅会降低螺旋给料机的工作效率，加速设备构件的磨损，并且会增大动力消耗和设备维修的工作量[33]。

当螺旋给料机工作在临界转速时，位于螺旋外径处的物料颗粒不产生垂直于输送方向的径向运动，其所受惯性离心力的最大值与其自身重力之间的关系为

$$m\omega_{\max}^2 \frac{D}{2} \leqslant mg \tag{3-5}$$

式中，m 为物料颗粒质量，kg；$\omega_{\max}$ 为螺旋给料机临界角速度，rad/s；D 为螺旋叶片直径，m；g 为重力加速度，m/s^2。

因角速度 ω 与转速 n 具备如下关系：

$$\omega = \frac{2\pi n}{60} \tag{3-6}$$

式中，n 为螺旋叶片转速，r/min；ω 为螺旋叶片角速度，rad/s。

将公式(3-6)代入公式(3-5)，并考虑不同物料的影响差别，得到临界转速 $n_{\max}$：

$$n_{\max} \leqslant \frac{30K}{\pi}\sqrt{\frac{2g}{D}} \tag{3-7}$$

式中，n_{max} 为发生不输送物料的转速，即临界转速，r/min；K 为物料的综合系数，选值参见表 3-3。

表 3-3　物料综合系数（K）和综合特性系数（B）选值表

物料的粒度	物料的摩擦性	物料实例	充填系数 φ	K 值	B 值
粉状	无摩擦性	面粉、米粉	0.40~0.50	0.0387	86
粉状	半摩擦性	水泥、石灰	0.30~0.40	0.0415	75
粒状	半摩擦性	小麦、玉米	0.25~0.30	0.0558	46
粒状	摩擦性	砂石、化肥	0.20~0.35	0.0632	28
块状	无摩擦性	豆粕、菜饼	0.30~0.35	0.0584	36
块状	半摩擦性	煤、矿石	0.15~0.20	0.0795	15
液状	无摩擦性	面浆、纸浆	0.55~0.60	0.0785	19
液状	摩擦性	混凝土、建材	0.50~0.55	0.0654	28

令 $B = \dfrac{30K\sqrt{2g}}{\pi}$，则公式（3-7）可转换成常用的临界转速经验公式：

$$n_{max} = \frac{B}{\sqrt{D}} \tag{3-8}$$

式中，n_{max} 为发生不输送物料的转速，即临界转速，r/min；B 为物料综合特性系数，选值参见表 3-3。

根据性质不同，一般可将物料分成 4 类：第一类为无摩擦性、流动性好且较轻的物料，如面粉、米粉等物料；第二类为无摩擦性但流动性较第一类差的物料，如锯末屑等；第三类为粒度尺寸和流动性与第二类物料接近，但摩擦性较大的物料，如小麦、化肥等；第四类为摩擦性较大且流动性较差的物料，如混凝土、矿石等。

通过公式（3-8）和表 3-3 的物料综合特性系数可以近似计算出系统设计的给料装置的临界转速，临界转速为螺旋给料机工作的最高转速。在工程实际应用中，为了使给料均匀稳定，一般慢速螺旋给料机转速都远小于其临界转速。在设计中，综合考虑给料均匀、系统控制等多方面要求，将螺旋给料机的最高转速限定为 50r/min。

3.3.3　螺旋叶片直径的确定

将公式（3-8）代入公式（3-4）中，设 $s = K_1 D$，K_1 为螺旋螺距与叶片直径的比例系数（在粮油、饲料行业中一般 K_1 取 0.8~1），则得

$$Q_{慢} = 47D^3\varphi K_1 \frac{B}{\sqrt{D}}\rho C \tag{3-9}$$

式中，K_1 为螺旋螺距与叶片直径的比例系数，在粮油、饲料行业中一般 K_1 取 0.8～1。

由公式(3-9)整理可得螺旋叶片直径 D 的计算公式：

$$D = \left(\frac{Q_{慢}}{47K_1 B\varphi\rho C}\right)^{\frac{5}{2}} \tag{3-10}$$

令 $K = \left(\dfrac{1}{47K_1 B}\right)^{\frac{2}{5}}$，则得到螺旋叶片直径 D 的计算公式为

$$D = K\left(\frac{Q_{慢}}{\varphi\rho C}\right)^{\frac{5}{2}} \tag{3-11}$$

由公式(3-11)确定的螺旋叶片直径为设计选用的最小值，计算得到的 D 值应尽量调整成标准直径系列的某个值。根据系统要求，在设计中螺旋叶片直径选择为 0.015m。

螺旋轴直径与螺距大小相关，两者共同决定螺旋叶片的内升角，影响物料移动方向和速度分布。为保证物料能够在输送槽中沿轴向移动，螺旋轴处的轴向速度要大于零。因此螺旋轴直径 d 与螺距 s 的关系必须满足

$$d \geqslant \frac{f}{\pi}s \tag{3-12}$$

$$d \geqslant \frac{1+f}{1-f}\cdot\frac{s}{\pi} \tag{3-13}$$

式中，d 为螺旋轴直径，m；f 为物料与螺旋叶片叶面的摩擦系数；s 为螺距，m。

对于大多数螺旋给料机来说，公式(3-12)的条件都能满足，而根据公式(3-13)运算的轴径结果比较大，必须增大有效输送截面来保证给料能力。这就造成了螺旋给料机结构增大，成本增加。在设计中应在能满足输送要求的前提下，尽可能使结构紧凑。一般工程常用的轴径 d 取值为 D 的 0.2～0.35 倍。

螺旋轴长度决定了饲料的水平输送距离，长度越长水平输送距离越大。本书中的螺旋给料机主要用于饲料投放，对饲料的水平输送距离没有过多要求。在设计中采用管式输送槽，螺旋轴长度、螺旋叶片与输送槽壁间隙会影响螺旋给料机的锁料性。工程上，一般管式螺旋给料机的长径比应大于 8，设计采用的螺旋轴长度为 0.45m。由于奶牛精饲料颗粒较小，为保证给料均匀，给料装置螺旋叶片与输送槽壁的间隙设计为 0.0015m。

3.3.4 料仓的设计

3.3.4.1 料仓容量与形状的确定

料仓是装载待投放饲料的容器，位于给料装置的最上方，其设计参数对给料装置的工作情况有着直接的影响。料仓容量是设计中应该首先考虑的问题，为保证给料机连续工作，料仓容量应尽可能大。但是由于料仓位于给料装置顶部，装载饲料过多会提高给料装置的中心，加大给料装置工作时的振动影响。同时，料仓设计过大会使饲料在料仓中堆积时间过长，产生吸湿团聚现象，造成排料困难。综合考虑，在研究阶段，料仓容量设计为 $0.8m^3$。

在生产实际中，常用的螺旋给料机料仓主要有圆形漏斗式、方形漏斗式、多边形漏斗式等几种。其中方形漏斗式料仓在加工工艺、安装要求等各方面要求较低，因此本书中给料装置选用进料口边长为 1m 的方形漏斗式料仓。

3.3.4.2 料仓流型的确定

料仓的流型可分为整体流和中心流两种基本类型。整体流型料仓(也称全流型料仓)在卸料时物料整体向卸料口稳定均匀流动，料仓内没有流动"死区"。中心流型料仓卸料时，位于中心部位的物料向卸料口流动，其他部位容易形成流动"死区"[34]。料仓的两种流型如图 3-2 所示。

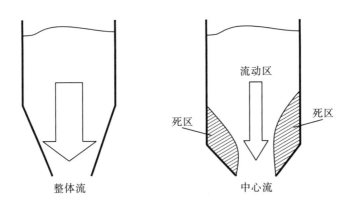

图 3-2　料仓的基本流型图

与中心流型料仓相比，整体流型料仓加工成本稍高，通用性较差，但其具有卸料速度稳定、卸料密度均匀、物料先入先出、物料不易搭拱等优点，可以保证给料装置连续稳定工作。因此，本书中的给料装置采用整体流型料仓。整体流型料仓必须保证料仓各个部位的最小下倾角大于物料的安息角，因此确定合适的料仓半顶角 α(与下倾角基本成互余关系)成为整体流型料仓设计的关键问题。料仓半顶角示意图如图 3-3 所示。

物料在料仓内的移动过程可以用图 3-4 表示，设料斗斜面长为 L，倾斜角度为 β，物料颗粒质量为 m，受到的重力为 G，其与料仓内壁表面摩擦系数为 μ，摩擦力为 f，则有 $G = mg$，$G_1 = G\cos\beta$，$G_2 = G\sin\beta$。

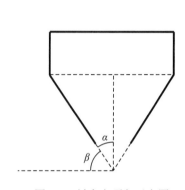

图 3-3　料仓半顶角示意图

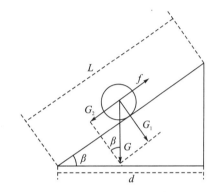

图 3-4　料仓倾角分析

由图 3-4 分析，摩擦力 f 为

$$f = \mu G_1 = \mu mg\cos\beta \tag{3-14}$$

由牛顿第二定律得

$$G_2 - f = mg\sin\beta - \mu mg\cos\beta = ma \tag{3-15}$$

$$a = (\sin\beta - \mu\cos\beta)g \tag{3-16}$$

式中，a 为物料颗粒下滑时的加速度。

取初始速度条件 $V_0 = 0$，则

$$L = \frac{1}{2}at^2 = \frac{1}{2}(\sin\beta - \mu\cos\beta)gt^2 \tag{3-17}$$

又因 $L = \dfrac{d}{\cos\beta}$，则

$$\frac{d}{\cos\beta} = \frac{1}{2}(\sin\beta - \mu\cos\beta)gt^2$$

$$t^2 = \frac{2d}{(\sin\beta\cos\beta - \mu\cos^2\beta)g} \tag{3-18}$$

$$= \frac{4d}{\left[\sqrt{1+\mu^2}\left(\dfrac{\sin 2\beta}{\sqrt{1+\mu^2}} - \dfrac{\mu\cos 2\beta}{\sqrt{1+\mu^2}}\right) - \mu\right]g}$$

令 $\tan x = \mu$ ，则有

$$\cos x = \frac{1}{\sqrt{1+\mu^2}}, \quad \sin x = \frac{\mu}{\sqrt{1+\mu^2}}$$

式中，x 为物料颗粒与料斗内壁的摩擦角。则式(3-18)转换为

$$t^2 = \frac{4d}{[\sqrt{1+\mu^2}\sin(2\beta-x)-\mu]g} \tag{3-19}$$

若使下落速度较快，式中 t 应很小，则 $\sin(2\beta-x)$ 接近最大值 1，即

$$2\beta - x = 90°$$

求得

$$\beta = \frac{90°+x}{2} = 45° + \frac{\arctan\mu}{2} \tag{3-20}$$

由上式可以看出，为保证物料快速滑落，应使倾斜角 $\beta > 45°$，即 $\alpha < 45°$。半顶角 α 越小，物料下落速度越快。但是在实际设计中，半顶角过小会导致料仓容积变小、料仓高度增加或进料口的面积减小。增加高度会使给料阶段物料对料仓冲击增大和整体结构重心升高带来的振动增大，而加大进料口的面积就会增加整个称量装置的占地面积。一般来说取 $\alpha > 25°$。在工程中，对于方形料仓的最大半顶角可以通过如式(3-21)的经验公式确定[35]。

$$\alpha_{max} = \frac{e^{3.75\times1.01(0.1\delta-3)} - \varphi}{0.725(\tan\delta)^{\frac{1}{5}}} \tag{3-21}$$

式中，α_{max} 为最大半顶角，(°)；δ 为有效内摩擦角，(°)；φ 为壁面摩擦角，(°)；e 为自然常数，约 2.71828。

料仓装载饲料的物料特性与料仓材料决定了有效内摩擦角和壁面摩擦角。奶牛精饲料物料的有效内摩擦角约为 79°，安息角约为 50°。利用经验公式(3-21)可计算出料仓最大半顶角约为 30°，即料仓下倾角为 60°。卸料口尺寸对料仓落料情况也有一定的影响，有研究表明，料仓直径与其卸料口直径之比小于 5 时，料仓卸料以整体流为主[36]。为保证落料顺利，防止在料仓卸料口处形成机械拱和黏性拱，卸料口尺寸应尽可能较大。结合给料机进料口的大小，料仓卸料口设计为边长 0.3m 的方形结构。

3.3.5 驱动功率计算

螺旋给料机的驱动功率是用于克服物料在输送过程中的各种阻力所消耗的能量。阻力主要包括物料对输送槽内壁和螺旋面的摩擦力、物料颗粒间的摩擦力、物料在轴承处的摩擦力、其他附加阻力等。其他附加阻力主要有物料在中间轴承的堆积带来的阻力和螺旋与料槽间隙内物料的摩擦力等[37]。在螺旋给料机工作过

程中，由于影响因素较多，这些阻力所产生的能耗分析和计算都很复杂，有些甚至无法用数学方法解决。在计算功率时常利用实践得出的阻力系数 W_0，计算方法如公式(3-22)或公式(3-23)所示：

$$P_0 = \frac{Q_{慢}}{367}(LW_0 \pm H) \tag{3-22}$$

$$P_0 = \frac{Q_{慢}L}{367}(W_0 \pm \sin\beta) \tag{3-23}$$

式中，P_0 为螺旋给料机功率，kW；$Q_{慢}$ 为螺旋给料机的生产能力，kg/m³；L 为螺旋给料机的水平投影长度，m；W_0 为物料阻力系数，选值参见表 3-4；H 为螺旋给料机垂直投影高度，m；β 为螺旋给料机的倾角，(°)。

表 3-4 物料的阻力系数选值表

物料特性	物料的典型例子	W_0
无摩擦性干的	粮食、谷物、锯末屑、煤粉、面粉	1.2
无摩擦性湿的	棉籽、麦芽、糖块、石英粉	1.5
半摩擦性	苏打、块煤、食盐	2.5
摩擦性	卵石、砂石、水泥、焦炭	3.2
强烈摩擦性、黏性	炉灰、石灰、砂糖	4.0

电动机所需额定功率为

$$P = K_{电} \cdot \frac{P_0}{\eta} \tag{3-24}$$

式中，$K_{电}$ 为功率备用系数，取值范围 1.2～1.4；η 为传动效率，取值范围 0.90～0.94。

由于计算出的电动机功率是在较为理想的情况下得出的，没有考虑电机损耗、物料堆积等条件的影响，往往实际应用中会出现电机功率不足的现象。在设计中应充分考虑各方面因素，选取功率为 40kW 的电动机提供动力输出，保证给料装置能够正常工作[38]。

第 4 章 给料称重系统及其控制研究

奶牛精量饲喂系统的定量饲喂功能主要依靠给料称重部分与给料装置配合实现。由于螺旋给料方式具有不可逆性，因此给料称重控制应该是无超调或超调量很小，即系统输出与设定值的稳态偏差小，称量精度高[39]。结合前面设计的给料装置，设计适合的给料称重系统及其控制系统是保证奶牛精量饲喂系统实现其主要功能的重要保障。

4.1 给料称重系统的组成

本书中，奶牛精饲料的给料由给料称重主控制器控制给料装置完成，其具体给料量由位于远程的监控中心计算机通过计算给出。监控中心计算机与给料称重主控制器之间的通信通过 GPRS 无线网络完成。给料称重主控制器根据称重仪表测量的已投放饲料量数据调节变频器输出频率，控制给料装置的电动机转速，实现定量给料。给料称重系统的结构如图 4-1 所示。为保证系统能够按照要求对饲料进行定量给料并获得奶牛实际采食量数据，本书中设计了两个称重环节，一个是位于称量料斗处的定量给料称重环节，另一个是位于饲喂料槽处的剩余饲料称重环节。因为给料过程中要求动态称量，为缩短研发周期，在设计中选用了动态特性较好的称重仪表完成对称重信号的处理。称量料斗处称重环节的作用主要是

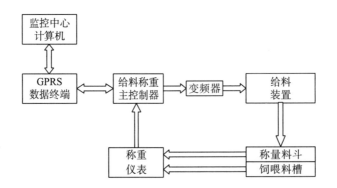

图 4-1 给料称重系统结构图

称量已经投放进称量料斗的饲料量，而饲喂料槽处称重环节的主要作用是通过计算奶牛采食前后饲喂料槽及内部饲料总体重量的差值，获取奶牛的实际采食量。

本书中设计的两处称重环节都采用增重式称重方式，称重测量由给料称重主控制器来控制完成。称量料斗处的称重秤主要包括称重传感器、称量料斗、支架、称重仪表等部分，其结构如图4-2(a)所示。称量料斗是用来盛装待称物料的箱形部件，底部装有卸料门。称量料斗被4个称重传感器吊装在支架上，传感器安装方式如图4-2(b)所示。称重传感器承受来自料斗和料斗内饲料的压力，并将压力转换成电信号，经过称重仪表调理放大后传送到给料称重主控制器。给料称重主控制器根据称重仪表的测量信号，结合系统要求的本次饲喂量，调整给料装置电动机转速。当称量料斗中物料实际重量满足设定的重量值时，主控制器关闭螺旋给料器的电机，停止下料，同时给出信号打开卸料门，饲料倾泻到卸料门下方的饲喂料槽中，完成定量给料过程。

饲喂料槽处的称重环节由称重传感器、饲喂料槽、称重平台等部分构成，其结构如图4-2(c)所示。称重平台为矩形，在四角处安装4个称重传感器，安装方式如图4-2(d)所示。称重信号处理方式与称量料斗处相同。饲喂料槽位于称量料斗下方的料槽平台上，在给料开始前，给料称重主控制器预先称量饲喂料槽处的总体重量，如果该重量超过料槽皮重，则认为此时料槽内有剩余饲料，给料时实际给料量应该是预设给料量减去料槽内剩余给料量。给料结束后，饲料由称量料斗的卸料门进入饲喂料槽，当停止落料后，经过防抖动延时，主控制器测量落入饲喂料槽的饲料重量，这个量就是本次奶牛采食的饲料初始量。奶牛采食结束后，主控制器再次测量饲喂料槽内剩余饲料的重量，两次测量的差值，即是奶牛实际采食量。

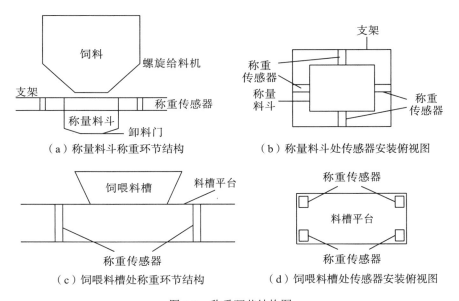

（a）称量料斗称重环节结构　　　　　　（b）称量料斗处传感器安装俯视图

（c）饲喂料槽处称重环节结构　　　　　　（d）饲喂料槽处传感器安装俯视图

图4-2　称重环节结构图

4.2　称重系统的动力学模型分析

研究称重系统模型的基本特性，对于分析称重系统工作的过程和特性是十分重要的。在本书的给料称重过程中，称重系统可以认为是一个振动系统。考虑到系统中支架的刚性大大强于其他部件的刚性，其对系统的影响可以忽略不计。经过简化，该系统可以看成单自由度二阶系统。假定 m 为空秤质量，t 为给料时间，$M(t)$ 为从开始给料到 t 时刻进入称量料斗的物料质量，$G(t)$ 为 t 时刻称量料斗内物料重量，K 和 C 分别为系统的等效弹性系数和等效阻尼系数，$F(t)$ 为加料过程中物料对秤斗的冲击力，这样称重装置就可以近似成典型的弹簧阻尼振动系统模型，其结构如图 4-3 所示[40, 41]。

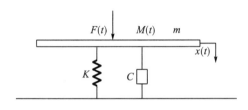

图 4-3　称重系统模型

根据动力学分析，可以得到给料称重系统的力学模型（位移与重量关系模型）如公式(4-1)所示。

$$[m + M(t)]\ddot{x}(t) + C\dot{x}(t) + Kx(t) = F(t) + M(t)g \tag{4-1}$$

式中，m 为空秤质量，kg；t 为给料时间，s；$M(t)$ 为从开始给料到 t 时刻给入称量料斗的物料质量，kg；g 为重力加速度，m/s^2；K 为系统等效弹性系数；C 为系统等效阻尼系数；$F(t)$ 为 t 时刻物料对秤斗的冲击力，N；$x(t)$ 为 t 时刻称量料斗相对于参考零点的位移，m。

由式(4-1)可知，该模型表示的系统是一个时变非线性系统，即给料称重环节是一个时变非线性系统。上述模型中 $M(t)$ 近似一个随时间增加的斜波函数，$F(t)$ 与单位时间内物料下落量和物料下落到秤体时的速度有关，物料下落速度由给料器出口的高度决定。在高度较小、时间 t 很短的情况下，$M(t)g$ 和 $F(t)$ 的合作用可以近似为一个阶跃函数。m 为称重系统皮质量（空称时的质量），$x(t)$ 为称重系统位移量，初始状态时 $x(0)=0$。经过近似后得到新的动力学运动方程：

$$(m + M)\ddot{x}(t) + C\dot{x}(t) + Kx(t) = Mgl(t) \tag{4-2}$$

式(4-2)是给料量 $Ml(t)$ 与位移 $x(t)$ 之间的关系模型，而位移 $x(t)$ 与称重传感器输

出的电压信号 $U(t)$ 成正比的线性关系，因此式 (4-2) 也是传感器输出电压 $U(t)$ 与给料量 $Ml(t)$ 之间的关系模型。用位移 $x(t)$ 来表示称重信号进行分析。

在零初始条件下对式 (4-2) 进行拉普拉斯变换，可得

$$(m+M)S^2X(S)+CSX(S)+KX(S)=\frac{Mg}{S} \tag{4-3}$$

整理得

$$X(S)=\frac{Mg}{K}\frac{1}{S}\frac{\omega_n^2}{S^2+2\xi\omega_nS+\omega_n^2} \tag{4-4}$$

在非零初始条件下对式 (4-2) 进行拉普拉斯变换，可得

$$X(S)=\frac{Mg}{K}\frac{1}{S}\frac{\omega_n^2}{S^2+2\xi\omega_nS+\omega_n^2}+\frac{x(t)S+x(t)+[Cx(t)+Kx(t)]/(m+M)}{S^2+2\xi\omega_nS+\omega_n^2} \tag{4-5}$$

在欠阻尼 $(0<\xi<1)$ 状态下，对式 (4-4) 进行拉普拉斯反变换，整理后可得

$$x(t)=\frac{Mg}{K}\left[1-\frac{\exp(-\xi\omega_nt)}{(1-\xi^2)^{1/2}}\sin(\omega_nt+\phi)\right] \tag{4-6}$$

式中：

$$\xi=C/\left\{2[(m+M)K]^{1/2}\right\} \tag{4-7}$$

$$\omega_n=[K/(m+M)K]^{1/2} \tag{4-8}$$

系统稳定输出为 $x(\infty)=Mg/K$，是物料重量与系统等效弹性系数的乘积。对于饲喂料槽处的称重环节，同样可以用式 (4-1) 描述的模型来表示。由于饲喂料槽的饲料由卸料门落下，落料时间较短，整个过程可近似认为总体质量不变，所以整个环节可以看成一个二阶线性系统[42, 43]。

4.3　给料称重系统传感器和仪表选择

在现代称重技术中，称重传感器是完成称重工作的基础。称重传感器实际上是一种将质量信号转换为可测量的电信号的输出装置。称重传感器按转换方法分为光电式、液压式、电磁力式、电容式、磁极变形式、振动式、陀螺仪式和电阻应变式 8 类，其中以电阻应变式使用最为广泛。称重传感器是电子称重系统的核心部件，其性能在很大程度上决定了系统的称量精度。所以在称重系统的设计中选择合适的传感器非常重要，在工程设计中通常考虑工作环境条件、传感器数量和量程、传感器的准确度等级、成本等因素。称重仪表的作用是接收称重传感器测量的代表应力的电信号，并对其进行调理、放大、转换、显示、存储、上报等处理。

4.3.1 传感器的选择

传感器的选择应根据称量系统的用途和秤体需要的支撑点数来确定，而支撑点数应根据使秤体几何重心和实际重心重合的原则来确定。通常秤体有几个支撑点就选取几个传感器，在工程中还应该根据实际情况来确定传感器的数量。为保证称量的准确性和传感器的使用寿命，在布局上传感器一般应该安装在支撑点位置，同一秤体的多个传感器承受的应力也应尽量平均。

传感器量程的选择应依据秤的最大称量值、传感器的个数、秤体自重、可能产生的最大偏载等因素综合来确定。一般来说，传感器的量程越接近分配到每个传感器的载荷，其称量的准确度就越高，但在实际使用时，由于加在传感器上的载荷除被称的物料外，还有秤体自重、皮重、偏载、振动冲击等载荷的存在，因此选择传感器量程时往往还要综合考虑这些因素。称重传感器量程选择的经验公式为[44]

$$C = \frac{K_0 K_1 K_2 K_3 (W_{\max} + W)}{N} \tag{4-9}$$

式中，C 为单个传感器的额定量程，kg；W 为秤体自重，kg；$W_{\max}$ 为被称物料净重最大值，kg；N 为秤体所采用支撑点的数量；K_0 为保险系数，一般取值为 1.2～1.3；K_1 为冲击系数；K_2 为秤体的中心偏移系数；K_3 为风压系数。

按系统要求称量范围在 0.5～12kg，称量分辨率按照 0.05kg 设计，选用传感器额定量程 C 按公式(4-7)确定。其中，两处称重位置的称量料斗和料槽的秤体自重 W 都约为 25kg；单次被称物料净重最大值为 12kg，按 200%过载取 36kg；支撑点数 N 为 4；保险系数 K_0 取 1.25；冲击系数 K_1 取 1.2；秤体中心偏移系数 K_2 取 1.05；风压系数 K_3 取 1.02。根据公式(4-7)计算传感器额定量程 C 为 28.999kg。在设计中选择了徐州金华衡计控科技有限公司的 PT650D 称重仪表配套 JH-30 型称重传感器。该传感器准确度等级为 C3 级，最大量程是 30kg，精度可达 0.02%，灵敏度为(2±0.2)mV/V。除自带温度补偿功能外，该传感器还具有耐腐蚀性较好、安装使用方便等优点，其实物如图 4-4 所示。

图 4-4　称重传感器与称重仪表

4.3.2 称重仪表的选择

称重系统选用的称重传感器在两个称重环节都采用 4 个传感器并联电路连接，供桥电压为 10V，则传感器输出信号范围为 0～20mV。由于在给料称重过程中，称重系统呈现时变非线性特征，为保证称重准确性，应选用动态性能较好的称重仪表以获取相对准确的称重数据。系统选用了徐州金华衡计控科技有限公司 PT650D 型号称重仪表。该仪表自带滤波电路和 4 级数字滤波功能，自带角误差和方向误差修正，具有较好的动态和静态工作指标，并装配 EIA485 通信串口，方便与上级系统进行通信。称重仪表的主要技术性能如表 4-1 所示。

表 4-1 PT650D 型号称重仪表性能指标

主要技术性能	指标
输入信号范围	0～24mV
A/D 转换位数	16 位(动态)/24 位(静态)
A/D 转换速度	200 次/s
非线性度	≤0.05%(动态)/≤0.0015%FS(静态)
最小分辨率	0.1μV
显示分度	≤10000
串行通信接口	标配 EIA485/232
工作温度	−5～50℃
工作湿度	≤90%RH(非凝结)
工作电压	220V（50Hz）AC/6VDC

4.4 给料称重控制策略研究

给料称重系统的控制环节是给料装置能够按照预设目标实现定量给料的基础和保障，在系统工作中的地位相当重要。一般来说，对给料系统的要求是精度高、速度快、稳定可靠、易维护、冗余度小。为了提高称量系统的工作效率，希望称量的速度快且称量的精度高。在实际的称量过程中，称量速度与称量精度往往相互矛盾。选取适合的给料控制方式可以综合获取较为理想的称量速度和称量精度。从螺旋给料称重的控制系统方面来分析，目前国内最常用的控制方法中，同时改变机械和控制的方法主要是双螺旋(或多供料口)给料控制法，只从控制方面来考虑主要是变速控制法。其中，同时改变机械和控制的方法使系统在设计上的复杂度提高，系统冗余度加大，设计和维护成本都较大[45, 46]。在此主要研究单螺旋给料称重变速控制问题。

4.4.1 常用给料称重速度分段控制方式

常用的给料称重速度分段控制主要有三阶段给料控制方式和两阶段给料控制方式两种类型。

4.4.1.1 三阶段给料控制方式

为获取较高的称量精度可以把给料过程分为高速、低速和点动(或最低速)三阶段进行控制，即电动机以"快—慢—点动"的三个阶段进行给料，其给料过程示意图如图 4-5 所示。

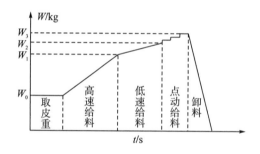

图 4-5   三阶段给料过程示意图

图中，W_0 为放料前控制系统所采集的料仓皮重，kg；W_1 为高速给料的停止点，kg；W_2 为低速给料停止点，kg；W_3 为点动给料停止点，kg。

这种控制方案把给料过程分为高速、低速和点动三个阶段，称量精度较高，但由于采用"快—慢—点动"的三阶段给料控制，称量速度较慢。采取"点动"控制一般采用步进电动机，系统成本较高。

4.4.1.2 两阶段给料控制方式

两阶段变速的给料控制方式把给料过程分为高速给料和低速给料两个阶段，其给料过程如图 4-6 所示。在初加料时高速给料，当给料量达到定值时，开始低速给料。一般高速给料结束的设定值为定量的 80%～90%，当给料量到达设定值时，控制器关闭，电动机停止给料[47]。

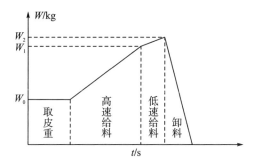

图 4-6　两阶段给料过程图

图中，W_0 为放料前控制系统所采集的料斗皮重，kg；W_1 为高速给料的停止点，kg；W_2 为低速给料的停止点也是称量终值，kg。

由于这种控制方案具有结构简单、控制和维护方便的优势，采用双速电机实现控制功能也比较简便，在实际工程中得到了广泛的应用。但是，由于物料的体积密度、流动状态以及交流电机关闭后产生的惯性都将影响螺旋给料器内物料的流出量，而且由于只有两个速度控制，这种控制方案很难获得较高的精度。

4.4.2　给料称重系统简化模型

在给料称重系统运行过程中，给料称重系统及其控制过程的非线性和物料特性是影响称量的主要因素。在传统的速度分段控制给料过程中，高速给料工作完成快但精度难以控制，低速给料精度可以控制，但称量时间长，效率低下。通过前面对给料称重系统的动力学模型的分析，给料称重系统具有一定的时变非线性特征，对系统的给料称重过程分析需要利用系统辨识等理论进行大量复杂的计算，完成相关控制对处理器的性能要求很高，这样会使得系统应用的成本较高。在工程上通常对给料称重过程模型进行简化，把给料称量系统工作分成若干个时段，将各个时段内的物料称量重量认为是对物料速度的累积[48]。由此可设 W 为物料的总下料量，V 为给料速度，T 为给料时间，则有

$$W = \int_0^T V \mathrm{d}t \tag{4-10}$$

$$V = \begin{cases} V_0, & W < W_S - W_V \\ \dfrac{W_V}{n} \mathrm{e}^{\frac{t-t_V}{n}}, & W \geqslant W_S - W_V \end{cases} \tag{4-11}$$

式中，V_0 为常量，通常为最大值，kg/s；W_S 为总给料设定量，kg；W_V 为给料速度转换时总下料量设定值，kg；n 为速度调整速率，m/s^2；t 为给料总时间，s；t_V 为开始给料到给料速度调整点的时间，s。

这样当开始给料时，系统以较高速度恒速给料，当物料累积量超过设定值 W_V 时，系统给料速度控制为随动调节。由式(4-11)可得给料速度 V 和称量时间 t 的关系如图 4-7 所示。在物料累积量 W 接近总给料量设定值时速度减慢，并在总给料量达到预设值时停止给料。这样的变速控制方案综合考虑了称量速度与称量精度两方面因素，有助于解决称量速度与称量精度的矛盾，获得了更好的称量精度。

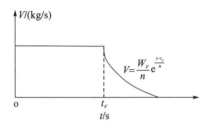

图 4-7　给料速度 V 与时间 t 关系曲线

4.4.3　自适应模糊 PID 控制器设计

4.4.3.1　模糊 PID 控制器原理及结构

在工程上对前面研究的给料称重系统简化模型通常采用 PID 控制方法来对其进行控制。但是由于系统具有动态特性，传统的 PID 控制受线性定常系统的局限较大，控制参数往往不能满足生产控制的实际要求，而修改 PID 控制参数需要大量的实验和经验，在实际给料称重应用中很难兼顾快速和精量两个方面的要求。为解决这个问题，本书采用了模糊 PID 混合控制方法对给料称重过程进行控制，使模糊控制与 PID 控制两者结合起来，既具有模糊控制不依赖于系统数学模型的灵活性和适应性，又具有 PID 控制精度高和控制过程易于实现的特点。这种复合型的控制系统可以更好地提高控制系统的动态品质和抗扰动能力，增强了控制系统的鲁棒性。模糊 PID 控制器是以熟练工人和控制专家的控制经验为基础，将在实际操作过程中操作人员调节 PID 的经验和相关控制知识进行模糊化处理，通过对系统过渡过程的在线识别，实现 PID 参数 K_P、K_I、K_D 的自整定。

本书中对熟练的技术工人的控制经验进行模糊化处理，应用模糊推理合成规则，得到控制回路的模糊控制查询表。系统运行中，根据输入的偏差 e 及其微分 ec(偏差变化率)，利用模糊控制查询表，在线调整 PID 控制器的三个参数增量，以此控制螺旋给料机的给料速度，使系统输出达到预期值[49]。本书设计的模糊 PID 控制器结构如图 4-8 所示。

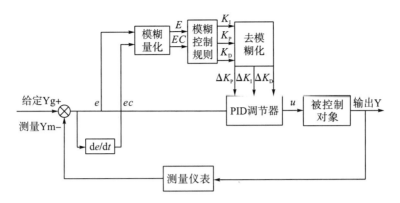

图 4-8 模糊 PID 控制器结构示意图

4.4.3.2 模糊 PID 控制器设计

1) 模糊 PID 控制器输入输出量的模糊化

输入的偏差 e 与偏差变化率 ec 都是在其基本论域内变化的确定数值, 因此应当首先将输入量与量化因子相乘, 使其模糊化。输入量的模糊子集选取 PB(正大)、PM(正中)、PS(正小)、O(零)、NS(负小)、NM(负中) 和 NB(负大) 7 个语言值。输入量模糊化参数如表 4-2 所示, 输出变量 ΔK_P、ΔK_I 和 ΔK_D 的模糊化参数如表 4-3 所示。

表 4-2 输入量模糊化参数表

	E	EC
基本论域	[-60, 60]	[-30, 30]
模糊量论域	[-3, -2, -1, 0, 1, 2, 3]	[-3, -2, -1, 0, 1, 2, 3]
量化因子	K_e=3/60=0.05	K_{ec}=3/30=0.1
模糊子集(语言值)	PB, PM, PS, O, NS, NM, NB	PB, PM, PS, O, NS, NM, NB

表 4-3 输出量模糊化参数表

	ΔK_P	ΔK_I	ΔK_D
基本论域	[-3, 3]	[-1, 1]	[-3, 3]
模糊量论域	[-3, -2, -1, 0, 1, 2, 3]	[-3, -2, -1, 0, 1, 2, 3]	[-3, -2, -1, 0, 1, 2, 3]
量化因子	$K_{\Delta K_P}=3/3=1$	$K_{\Delta K_I}=3$	$K_{\Delta K_D}=1$
模糊子集(语言值)	PB, PM, PS, O, NS, NM, NB	PB, PM, PS, O, NS, NM, NB	PB, PM, PS, O, NS, NM, NB

2) 确定隶属度表

输入与输出量都采用三角形隶属度函数，确定输入隶属度表如表 4-4 所示，输出隶属度表如表 4-5 所示。

表 4-4　输入量隶属度表

语言值	E/EC						
	−3	−2	−1	0	1	2	3
PB	0	0	0	0	0	0.5	1
PM	0	0	0	0	0.5	1	0.5
PS	0	0	0	0.5	1	0.5	0
O	0	0	0.5	1	0.5	0	0
NS	0	0.5	1	0.5	0	0	0
NM	0.5	1	0.5	0	0	0	0
NS	1	0.5	0	0	0	0	0

表 4-5　输出量隶属度表

语言值	$\Delta K_P / \Delta K_I / \Delta K_D$						
	−3	−2	−1	0	1	2	3
PB	0	0	0	0	0.2	0.5	1
PM	0	0	0	0	0.5	1	0.5
PS	0	0	0	0.5	1	0.5	0
O	0	0.5	0.5	1	0.5	0	0
NS	0	0.5	1	0.5	0	0	0
NM	0.5	1	0.5	0	0	0	0
NS	1	0.5	0.2	0	0	0	0

3) 确定调整规则表

根据工程实践中 PID 参数调整经验，制定模糊 PID 控制器调整参数的规则如表 4-6、表 4-7 和表 4-8 所示。

表 4-6　K_P 调整规则表

E	EC						
	NB	NM	NS	O	PS	PM	PB
NB	PB	PB	PM	PM	PS	O	O
NM	PB	PB	PM	PS	PS	O	NS
NS	PM	PM	PM	PS	O	NS	NS
O	PM	PM	PS	O	NS	NS	NM
PS	PS	PS	O	NS	NS	NM	NM
PM	O	O	O	NM	NM	NM	NB
PB	O	O	NM	NM	NM	NB	NB

表 4-7　K_I 调整规则表

E	EC						
	NB	NM	NS	O	PS	PM	PB
NB	NB	NB	NM	NM	NS	O	O
NM	NB	NB	NM	NS	NS	O	O
NS	NB	NM	NS	NS	O	PS	PS
O	NM	NM	NS	O	PS	PM	PB
PS	NM	NS	O	PS	PS	PM	PB
PM	O	O	O	PS	PM	PB	PB
PB	O	O	NM	NM	PM	PB	PB

表 4-8　K_D 调整规则表

E	EC						
	NB	NM	NS	O	PS	PM	PB
NB	PS	NS	NB	NB	NB	NM	PS
NM	PS	NS	NB	NM	NM	NS	O
NS	O	NS	NM	NM	NS	NS	O
O	O	NS	NS	NS	NS	NS	O
PS	O	O	O	O	O	O	O
PM	PB	NS	PS	PS	PS	PS	PB
PB	PB	PM	PM	PM	PS	PS	PB

4）模糊推理过程

对于上述控制参数的相关规则，采用 Mamdani 型模糊推理规则

$$\text{IF　（A　AND　B）　THEN　C}$$

可以推理出输出控制参数的模糊量。对于每个输出的控制参数都有 49 条推理规则，其合成规则表达式为

$$\Delta K_R = (E \times EC) \text{ o } R_R \tag{4-12}$$

式中，ΔK_R 为模糊控制器输出的控制量，$\Delta K_R = (\Delta K_P, \Delta K_I, \Delta K_D)$；$R_R$ 为对应于输出量 ΔK_R 的模糊集合。

5）输出量去模糊运算

通过以上模糊推理规则对得到的控制规则进行推理可得到输出的模糊量，应用于控制对象时必须将输出的模糊量转换为能够作用于控制对象的确定量。这个由模糊量到确定量的转换过程就是去模糊运算。去模糊运算的方法主要有平均最大隶属度法、最大隶属度取极值法、中位数法、加权平均法等[50]。采用平均最大

隶属度法对输出模糊量进行去模糊运算，可以求出输出量各控制参数，确定值查询表如表 4-9、表 4-10 和表 4-11 所示。

表 4-9　△K_P 模糊控制查询表

E	EC						
	−3	−2	−1	0	1	2	3
−3	3	3	2	2	1	0	0
−2	3	3	2	1	1	0	−1
−1	2	2	2	1	0	−1	−1
0	2	2	1	0	−1	−2	−2
1	1	1	0	−1	−1	−2	−2
2	1	0	−1	−2	−2	−2	−3
3	0	0	−2	−2	−2	−3	−3

表 4-10　△K_I 模糊控制查询表

E	EC						
	−3	−2	−1	0	1	2	3
−3	−3	−3	−2	−2	−1	0	0
−2	−3	−3	−2	−1	−1	0	−1
−1	−3	−2	−1	−1	0	1	1
0	−2	−2	−1	0	1	2	2
1	−2	−1	0	1	1	2	3
2	0	0	1	1	2	3	3
3	0	0	1	2	2	3	3

表 4-11　△K_D 模糊控制查询表

E	EC						
	−3	−2	−1	0	1	2	3
−3	1	−1	−3	−3	−3	−2	1
−2	1	−1	−3	−2	−2	−1	0
−1	0	−1	−2	−2	−1	−1	0
0	0	−1	−1	−1	−1	−1	0
1	0	0	0	0	0	0	0
2	3	−1	1	1	1	1	3
3	3	−2	2	2	1	0	3

将输出量参数控制查询表存入给料称重主控制器中,在系统工作时,模糊 PID 控制器根据称重仪表测量数据计算出的偏差 e 及其微分 ec 作为输入量,根据输入情况在参数控制查询表中选择相关的 ΔK_P、ΔK_I 和 ΔK_D 的调整数据,按如式(4-13)所示的规则对 PID 控制器控制参数进行在线自整定。

$$\begin{cases} K_P = K_P' + \Delta K_P \\ K_I = K_I' + \Delta K_I \\ K_D = K_D' + \Delta K_D \end{cases} \tag{4-13}$$

式中,K_P、K_I、K_D 为调整后控制器参数;K_P'、K_I'、K_D' 为调整前控制器参数;ΔK_P、ΔK_I、ΔK_D 为控制器参数调整增量。

4.5　给料称重主控制器设计

给料称重主控制器的主要工作是读取奶牛耳标射频芯片的奶牛标识数据,并根据设定的控制给料装置投放一定量的饲料,将相关采食数据和来自无线传感器网络的奶牛体温监测数据经过数据传输模块上传给监控中心计算机。综合考虑通信数据量、实时性和成本的因素,系统远程通信采用 GPRS 技术。GPRS 技术是通用分组无线服务技术的简称,其传输速率可达 114kbit/s,满足系统需求。此外,由于其数据传输是以封包(packet)式进行,因此使用者所负担的费用是以其传输资料单位计算,并非使用其整个频道,理论上通信成本低廉。给料称重主控制器还能够接收由 GPRS 数据终端转发的来自监控中心计算机的命令,完成相应操作。系统间数据通信业比较复杂,主控制器需要处理的输入和输出信号较多,主控制器的输入和输出信号如表 4-12 所示。主控制器分为通信管理模块和控制模块,各模块在运行过程中通过巡检、中断来完成彼此间的数据交互,实现系统功能。为了方便多路串行通信并兼顾成本因素,主控制器电路设计中采用了增强型高速 51 系列内核单片机 STC12C5A32S2 处理器芯片。该处理器具有 2 个串行端口,比普通 51 系列单片机运算速度高 8～12 倍,可以满足系统设计的需要。

表 4-12　给料称重主控制器输入/输出信号表

信号来源	信号类型(Input/Output)
称重仪表	Input/Output
变频器	Output
RFID 读写器 1	Input
RFID 读写器 2	Input

续表

信号来源	信号类型(Input/Output)
奶牛体温监测系统中心节点	Input/Output
GPRS 数据终端	Input/Output
卸料门	Output

4.5.1 给料称重主控制器通信管理模块设计

通信管理模块负责整个系统的通信控制，在设计中采用主从通信管理方式，其通信结构如图 4-9 所示。通信模块主机处理器采用具有双串行端口的单片机（STC12C5A32S2），主机处理器芯片一个串行端口通过 EIA485 总线方式连接各从机的串行端口，另外一个串行端口通过 EIA232 总线方式连接 GPRS 数据终端。通信模块的从机主要有奶牛体温监测系统中心节点、两个 RFID 读写器管理单片机、控制模块等。给料称重系统主控制器利用这种通信方式可以将奶牛采食量数据和来自 ZigBee 网络的奶牛体温数据通过 EIA485 总线经 GPRS 数据终端上报给监控中心计算机，并接收来自监控中心计算机的饲喂量命令，转发给控制模块处理器进行定量给料称重的相关控制。这种主从通信方式通过 EIA485 总线建立了系统数据传输通道。给料称重主控制器的通信管理与模糊 PID 控制这两个主要工作分别由两个模块来完成，减小了单个模块的工作量，使其能够更好地完成相

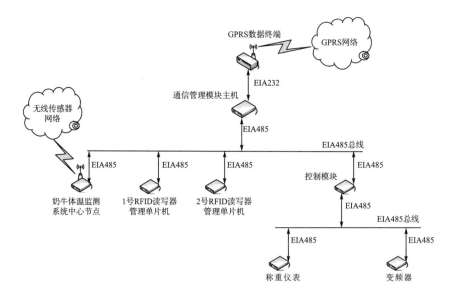

图 4-9 给料称重主控制器通信结构图

关任务。由于通信模块中采用的 EIA485 与 EIA232 通信方式的电平均高于单片机的 TTL 电平，因此采用了电平转换电路确保通信能够实现。通过 DS75176 进行 EIA485 与 TTL 的电平转换，通过 MAX232 进行 EIA232 与 TTL 的电平转换[51]。通信管理模块电路原理图参见附录(图 B)。

通信模块程序包含了主程序(MainCheck())、中断处理子程序(InterruptCom())、发送串口数据子程序(Send232()、Send485())、自主运行子程序(BigWatchD())等。主程序流程如图 4-10 所示。

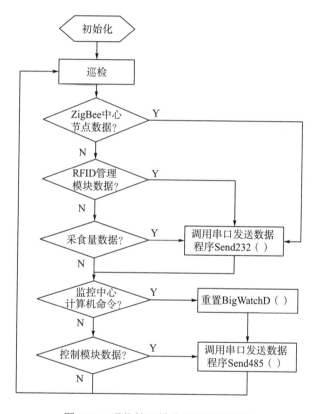

图 4-10　通信管理模块主程序流程图

通信管理模块程序的主要功能是定时对其串行端口连接的 EI4A485 总线上的其他设备进行查询，观察是否有要传输的数据。如果总线上其他设备有数据要发送，就进行接收，并进行相应的数据处理。从 EIA485 总线上接收的数据可能是来自监控中心计算机的饲喂量数据或来自 RFID 读写器管理单片机的奶牛个体编号数据，通信模块主机在进行判断和处理后通过另一个串行端口的 EIA232 总线发送给 GPRS 数据终端。当 GPRS 数据终端或奶牛体温监测系统中心节点有数据向通信模块主机发送时，产生串行中断，此时通信模块主机进入中断处理程序，接收来自 EIA232 总线的数据，并进行相关处理后进行转发。若产生中断的数据是 ZigBee 网络的奶牛体温信息，则通过 GPRS 数据终端上报给监控中心计算机。若产生中断的数据是 GPRS 数据终端发来的控制命令，则转发给控制模块执行。

自主运行子程序的功能相当于一个特殊的看门狗程序，当有奶牛个体编号数据上报给监控中心计算机后在设定时间内没有控制命令返回时启动，该子程序启动后进行经奶牛个体编号数据的重新发送，经三次重发失败后，认为与监控中心计算机通信中断，此时，自主运行子程序将预先设定的默认饲喂量作为控制命令发送给控制模块进行给料，并给出与监控中心计算机通信中断的报警信息(液晶屏提示和 LED 闪烁)。

4.5.2　给料称重主控制器控制模块设计

控制模块根据来自监控中心计算机的饲喂量数据和来自称重仪表的测量数据，经过计算输出控制信号给变频器用于电动机转速控制，进而控制给料装置进行投料，实现奶牛精饲料的定量给料。由第 3 章对给料装置的分析可以看出，在满足一定条件时给料速度与电动机转速成正比关系，因此给料称重控制系统的控制对象可以由给料速度转换成电动机转速。三相异步电动机的实际转速遵从如下关系：

$$n = \frac{60 f_1}{p}(1-s) \tag{4-14}$$

式中，n 为三相异步电动机实际转速，r/min；f_1 为电源频率，Hz；p 为电动机定子极对数；s 为转差率，值为 $(n_0-n)/n_0$。

电动机定子绕组的极对数为设计参数，对于确定的电动机一般可视为常数，因此配合工作电压改变电动机工作电源频率就可以实现电动机转速的调节。电动机转速与工作电源频率也成一定的正比关系，通过工作电源频率对电动机转速进行控制的过程就是变频调速。在工程中，通常通过控制变频器来实现变频调速。系统给料称重过程中，对给料速度的控制又可以转换为对变频器的控制。

控制模块以一个 STC12C5A32S2 芯片为核心，该芯片一个串行端口与通信管理模块主机的 EIA485 总线连接，用于奶牛精饲料饲喂量和奶牛实际采食量数据的通信。其另一个串行端口与称重仪表和变频器以 EIA485 总线方式连接，用于给料称重控制过程的数据通信。根据称重仪表测量数据通过变频器控制给料装置电动机的调速，使给料量达到监控中心计算机给出的饲喂量。在这个模块中还要完成按键输入和显示功能，设计选用了 128×64 点阵自带字库的液晶屏实现显示功能。由于数据经由通信模块发送到中央计算机存在一定的滞后，在控制模块设计了以 DS1302 芯片为核心的时钟电路，用于在上报的数据帧中加入时间戳，便于监控中心计算机进行数据获取时间的判断。给料称重主控制器控制模块电路原理图参见附录(图 C)。

控制模块程序主要功能是根据来自监控中心计算机的饲喂量数据，控制给料称重系统进行定量投料。当饲喂结束时，控制模块程序通过称重仪表将料槽内剩余饲料进行计量，获取奶牛实际采食量数据，并将数据经由 GPRS 数据终端上报给监控中心计算机。控制模块主程序流程如图 4-11 所示。模糊 PID 控制器程序流程如图 4-12 所示。

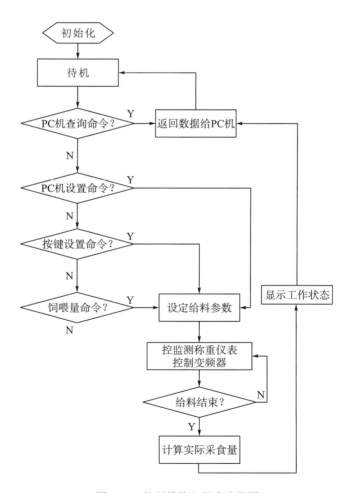

图 4-11　控制模块主程序流程图

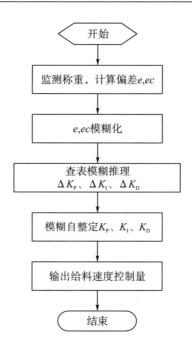

图 4-12　模糊 PID 控制器程序流程图

4.5.3　GPRS 及其数据终端选型

　　本系统需要将奶牛编号、采食量、奶牛体温等数据上报给远程的监控中心计算机，并接收来自监控中心计算机的相关命令。系统要求实现远程数据通信，每次通信的数据帧总体长度不大，通信时间间隔不固定。根据以上系统的通信特点，远程通信功能采用 GPRS 技术来实现。

　　GPRS 采用与 GSM 相同的频段、频带宽度、突发结构、无线调制标准、跳频规则及相同的 TDMA 帧结构。GPRS 允许用户在端到端分组转移模式下发送和接收数据，而不需要利用电路交换模式的网络资源，是一种高效率、低成本的无线分组数据业务，特别适用于间断性和频繁的少量数据传输。GPRS 理论带宽可达171.2kbit/s，实际应用带宽范围大约为 40～100kbit/s。GPRS 终端设备可以通过GPRS 网络实现互相通信，还可以在此信道上提供 TCP/IP 连接，经相应网关设备与 Internet 连接，进行数据传输，其通信网络结构如图 4-13 所示。由于现有的移动通信基站全面支持 GPRS 功能，GPRS 网络的覆盖面积相当广泛，通信持续时间长，其计费采用按流量或包时段的灵活方式，通信成本较低。

　　系统数据通过 GPRS 数据终端、GPRS 网络、中国移动网关和 Internet 网络实现上传和下传。设计选用了苏州博联科技有限公司的 BLD9131 型无线数据终端设备，其功能结构和主要技术参数分别如图 4-14 和表 4-13 所示。BLD9131 型无线数据终端设备采用 SIEMENS 公司的高性能 GPRS 通信模块，内置 TCP/IP 协议，支持双频 GSM/GPRS 通信，支持 EIA232/EIA485 串行通信方式，使用灵活方便，可靠性好。应用中只需设计简单的接口电路，就可以通过 Internet 实现远程的测量、控制和数据传输，广泛用于工业、农业、电力、供水、环保等领域的现场数据采集和监控系统。

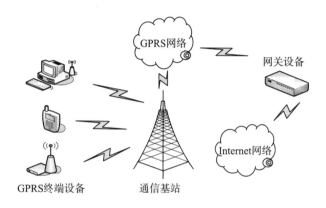

图 4-13　GPRS 通信网络结构

图 4-14　BLD9131 型 GPRS 模块功能结构图

表 4-13　BLD9131 主要技术参数表

技术参数	参数值
接口	EIA485、EIA232、SIM 卡、STK 卡
GPRS 规范	GPRS Class2～10
工作电压	7～30V
存储器容量	2M
工作环境温度	−25~70℃
工作环境湿度	95%RH(无凝结)

4.6 给料称重系统过冲量预估

在称量过程中，由于螺旋给料器出料口与称量料斗之间存在一定的高度差，给料装置主控制器在输出停止给料信号后，仍有一些饲料处于下落的过程中。当这些饲料落入称量料斗后，会使实际进入称量料斗的饲料与预设给料量产生差别。停止给料信号响应时的一瞬间还在空中的那部分物料一般称为过冲量或落差。为使称重数据准确，应在称量接近预定值时对过冲量进行预估[52]。

根据前述的简化系统模型，在给料结束后，由于落差产生的过冲量积分公式可以用下式来表示：

$$W_d = \int_{t_s-t_d}^{t_s} a(t)\mathrm{d}t \tag{4-15}$$

式中，t_s 为给料停止时间，s；t_d 为物料自由下落至料斗的时间，s；$a(t)$ 为物料流量，kg/s。

设落料速度垂直分量的初始值为 0，落差距离为 h，重力加速度为 g，则有下落实间 t_d 为

$$t_d = \sqrt{\frac{2h}{g}} \tag{4-16}$$

根据螺旋给料器特性，$a(t)$ 可以表示为

$$a(t) = 13.1D^2\varphi S\rho n(t) \tag{4-17}$$

式中，$a(t)$ 为物料流量，kg/s；D 为螺旋给料器的螺旋叶片直径，m；φ 为填充系数；S 为螺旋给料器的螺旋螺距，m；ρ 为物料的容重，kg/m³；n 为螺旋给料器转速，r/min。

对于设计完成的螺旋给料器而言，D、φ、S 均为常数。当输送物料一定时，其容重 ρ 也基本不发生变化，因此可令 $c=13.1D^2\varphi S\rho$，则由式 (4-17) 可得

$$a(t) = cn(t) \tag{4-18}$$

当螺旋给料器转速平稳工作时，假定电动机转速 n 不变，落料高度为 h，则物料过冲量为

$$W_d = cn\sqrt{\frac{2h}{g}} \tag{4-19}$$

分析式 (4-19) 可以看出，当落料高度 h 不变时，物料的过冲量主要和螺旋给料机转速有关，低速给料时的过冲量比较小。过冲量误差和物料的性质、给料平稳性、称重仪表反应速度等多方面因素有关，在进行相关处理时要充分考虑相关因素，才能达到良好的补偿效果，减小过冲量误差对称量精度的影响。本系统给

料出口与称量料斗之间的落差约为 0.5m，则系统的电动机停止工作后饲料在空中落料时间滞后约 0.32s，则将系统控制末期 0.32s 内的螺旋给料机转速 n 取平均值，利用式(4-19)进行估算，求出过冲量，计入总给料量。

4.7 给料称重控制系统实验与分析

根据研究的要求，应用给料称重技术及相关控制等研究结果，研制了奶牛精量饲喂系统给料称重实验系统，如图 4-15 所示。

图 4-15 奶牛精量饲喂系统给料称重装置

本书中，采用与奶牛精饲料的物料特性较为接近的谷糠进行定量给料实验。测量系统给料称量的数据，研究系统所设计的给料称重控制系统性能和给料装置的适用性。

1) 实验设计

以谷糠作为实验物料，其容重约 0.45t/m³，定量给料量设定为 5kg 和 10kg，分别做多次重复实验，获取给料误差。给料误差为实际给料量与设定给料量的差值，实际给料量在每次给料结束后，由标定过的电子秤进行静态称量得到，称量单位为 g，称量值保留 1 位小数。

2) 实验数据及分析

经过实验获取称重数据如表 4-14 和表 4-15 所示，其数据误差分布分别如图 4-16(a) 和图 4-16(b) 所示。

表 4-14　定量为 5kg 时给料误差表

称重次数	1	2	3	4	5
误差/g	91.6	49.7	19.3	78.3	25.5
称重次数	6	7	8	9	10
误差/g	−44.1	77.1	60.2	87.4	61.4
称重次数	11	12	13	14	15
误差/g	−80.9	40.6	39.1	85.3	91.1
称重次数	16	17	18	19	20
误差/g	91.3	−34.5	89.5	8.1	21.6

表 4-15　定量为 10kg 时给料误差表

称重次数	1	2	3	4	5
误差/g	119.3	142.5	172.2	107.4	−141.2
称重次数	6	7	8	9	10
误差/g	190.1	97.7	69.5	147.3	125.3
称重次数	11	12	13	14	15
误差/g	93.9	42.7	139.9	148.4	93.7
称重次数	16	17	18	19	20
误差/g	163.6	−78.3	−138.6	183.1	−62.1

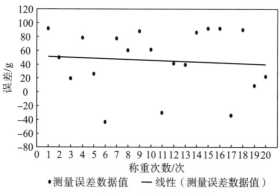

（a）5 kg 定量给料误差分布

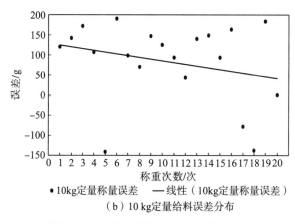

（b）10 kg定量给料误差分布

图 4-16　定量给料称重测量误差分布图

从图 4-16（a）中的 5kg 定量给料误差分布情况可以看出，给料称重控制系统超调量和欠调量都较小，定量给料最大上偏差为 1.832%，最大下偏差为 1.618%。从图 4-16（b）中的 10kg 定量给料误差分布情况可以看出，给料控制系统超调量和欠调量也不大，定量给料最大上偏差为 1.901%，最大下偏差为 1.412%。5kg 和 10kg 定量给料的误差基本控制在 2% 以内。

实验表明：给料称重控制系统在定量给料工作中存在一定的超调和欠调现象，但超调量和欠调量均能够满足系统允许的误差范围（2%）。本书研究的给料称重系统能够较好地完成给料称重工作。在实验中也发现了在物料性状发生变化时（如环境影响饲料变潮湿）给料精度会受到影响的情况，说明饲料本身的物料特性对给料称重也存在一定影响。

第 5 章　奶牛体温监测系统的研究

奶牛体温是反映奶牛身体状态的重要生理参数，能够在一定程度上反映出奶牛的健康状况，同时也是监测奶牛发情的重要指标之一。监测奶牛体温变化，对准确进行奶牛发情鉴定、妊娠诊断等生理活动预测及疫病监控具有重要意义。目前，已经有关于奶牛体温在发情、妊娠、分娩等繁殖活动中变化规律的初步研究，这些研究为进行精细化的奶牛繁殖管理指明了方向。然而，由于除瘤胃丸、阴道植入、会阴肌肉埋植等少数方法进行奶牛体温检测外，目前尚无大面积推广应用的奶牛体温自动监测装置，奶牛体温监测研究大多采用随机测温方法，无法实现对奶牛体温全天候的不间断监测和对整个繁殖周期的准确跟踪，关于发情、妊娠、分娩等繁殖现象的体温变化规律研究尚缺乏深入的科学研究。包含饲喂环节的奶牛养殖过程中的无损奶牛体温自动监测对于奶牛养殖的科学管理至关重要。

5.1　奶牛体温的变化规律与监测方法

5.1.1　奶牛体温的变化规律

奶牛是恒温的哺乳动物，奶牛的体温具有一定的年龄特征和昼夜变化规律，一般情况下，成年奶牛正常体温为 37.5～39.5℃，奶牛犊正常体温为 37～38.5℃。奶牛体温在一天之内也会出现一定的变动，早晨稍低，下午稍高。由于奶牛个体自身的不同生理或病理状态也会使体温呈现出特征变化，同时，环境温度、运动量等外部因素也会对奶牛体温产生一定的影响。对奶牛发情周期及产乳期之间体温变化规律的初步研究发现：发情期奶牛体温较奶牛发情前后体温升高 0.52℃±0.26℃；奶牛排卵时其体温会升高 0.2～0.5℃，并可持续 8～10 小时；分娩前 12 小时奶牛体温开始迅速下降，整个分娩过程中的奶牛体温平均低于空怀温度。性成熟奶牛的发情周期为 21 天左右，发情期大概持续 2 天，在发情期间及时完成奶牛交配，对其正常泌乳具有十分重要的作用。此外，及时掌握奶牛体温的变化情况，也可以为奶牛疾病判断提供可靠的依据[53, 54]。

传统人工的奶牛体温测量通常采用直肠测温，主要通过兽用水银温度计或兽用电子温度计进行测量。这种方式测量的体温虽然较为准确，但存在疾病在奶牛个体间交叉感染的风险，并且测量过程需要专人负责操作记录，劳动强度大，检测通量低，无法实时获取奶牛个体体温数据，不能满足规模化养殖的精细管理需求[55]。

有学者利用红外热成像技术对 20 头泌乳期奶牛和 9 头犊牛的体表不同部位的温度情况进行了测定，并与直肠温度进行对比分析，发现奶牛体表各部位温度平均值：眼部 37.0℃、耳后 35.6℃、肩胛部 34.9℃、外阴 37.2℃。研究结果表明，除眼部与外阴温度无显著差异外，其他部位温度均差异显著[56]。奶牛皮厚毛密，加上日常活动和外界因素的影响，其体表大部分部位不适合进行温度测定来表征其体温。通过测量奶牛鼻孔处呼吸气体的热度来检测体温，虽能测量奶牛体温，但传感器安装比较困难，且所测体温不太稳定，受奶牛饮食和季节等因素的影响较大。奶牛耳道孔径较大，测量温度稳定，且不易受外界环境影响，因此耳膜温度能表征其体温，可作为测量奶牛体温的理想部位。

5.1.2　奶牛体温的监测方法

奶牛体温会由于测定部位的不同而表现出一定的差异，因此对同一奶牛个体体温的测定会因测定部位不同而得到不同的温度数据。对奶牛体温的传统研究一般是针对奶牛直肠部位的温度展开的。当前，围绕奶牛体表和体内温度自动监测的研究大量展开，根据测温时传感器与动物的接触方式来分类，可分为接触式测温、非接触式测温和植入式测温三种方法。

5.1.2.1　接触式测温方法

接触式测温主要利用热电阻、热敏电阻、电子式温度传感器、热电偶等电器元件的电气参数随温度变化的特性来检测温度。近年来，这一技术在奶牛体温测定领域的研究逐渐展开。贾北平等利用 DS18B20 型一线式温度传感器对奶牛体表温度进行测量，并通过基于 nRF403 芯片的无线通信模块实现数据传输，在实验室环境下完成了对奶牛体温的自动采集试验[57]。其后续奶牛实际养殖中的体温实时监测应用未见报道。尹令等通过固定于奶牛鼻孔附件的热敏电阻对奶牛鼻腔的空气温度进行测量，间接测定奶牛体温。由于热敏电阻固定于鼻孔外部时极容易受到外部环境气流的影响，而固定到鼻孔内时环境气流影响虽然减小，但会对奶牛造成不适且传感器容易脱落，因此传感器固定部位需进一步探讨。寇红祥等对奶牛尾根、颈、蹄腕、阴道等部位进行了接触式温度测定的比较研究，发现对阴道部位温度的自动采集数据较为理想，其中阴道温度昼夜变化仅约 0.6℃。虽然对奶牛阴道部位的温度测定数据较为理想，但是由于接触式温度传感器必须与测温部位接触，会面临信号传导和牛体适应性的问题，尚需深入研究[58]。

接触式测温方法的准确性和灵敏度较高，但在实际应用中，由于奶牛体表皮厚毛密，体表接触式温度传感器很难找到最佳固定部位和方法，体内接触式温度传感器的信号传导难度大，且奶牛适应性有待提高。这一系列问题的存在，使接触式测温方法很难满足长期实时奶牛体温监测的要求。

5.1.2.2　非接触式测温方法

非接触式测温是一种将非接触式红外温度传感器与无线通信技术结合应用的红外测温技术，通过检测物体表面发射的能量测定物体温度。自然界一切温度高于绝对零度(−273.15℃)的物体，由于分子的热运动，都在不停地向周围空间辐射包括红外波段(0.76～100μm)在内的电磁波。在给定的温度和波长下，物体发射的辐射能量有一个最大值，这种物质称为黑体，并设定其反射系数为1，其他物质的反射系数小于1，称为灰体。根据斯特藩-玻尔兹曼定理：黑体的辐出度(黑体表面单位面积上所发射的各种波长的总辐射功率) $P_b(T)$ 与温度 T 的4次方成正比，即

$$P_b(T) = \sigma T^4 \tag{5-1}$$

式中，σ 为斯特藩-玻尔兹曼常数，$5.67 \times 10^{-8} \, \mathrm{W/(m^2 \cdot K^4)}$；$T$ 为物体的热力学温度，K。

黑体辐射机制是红外测温技术的理论基础。在条件相同的情况下，物体辐射的功率总小于黑体的功率，即物体的单色辐出度 $P(T)$ 小于黑体的单色辐出度 $P_b(T)$，将它们之比称为物体的单色黑度 $\varepsilon(\lambda)$，即实际物体接近黑体的程度。考虑到物体的单色黑度 $\varepsilon(\lambda)$ 是不随波长变化的常数，即 $\varepsilon(\lambda) = \varepsilon$。黑体物质的单色黑度常数 ε 为1，而一般灰体的单色黑度常数在(0，1)的范围。由式(5-1)和灰体单色黑度的定义可得

$$P(T) = \varepsilon P_b(T) = \varepsilon \sigma T^4 \tag{5-2}$$

由式(5-2)可得被测物体的热辐射测温的数学表达式：

$$T = \sqrt[4]{\frac{P(T)}{\varepsilon \sigma}} \tag{5-3}$$

红外测温受到物体发射率、距离系数、环境条件等多方面因素制约。发射率是一个物体相对于黑体辐射能力大小的物理量，它与物体的材料形状、表面粗糙度、凸凹度、测量方向等因素相关，特别是光洁表面的物体对测量方向更为敏感。距离系数是被测目标到测温仪器与被测目标直径的比值，距离系数越大分辨率越高。被测物体所处的环境温度对测量结果也有很大的影响，被测物体的能量误差会随测量环境温度的升高而增大[59]。

最初红外测温只能测量物体表面某点的温度，随着红外热成像技术的发展，利用红外辐射热效应将物体发出的红外辐射转化成肉眼可见图像，可以较为全面

地获取被测物体全面的温度信息。

5.1.2.3　植入式测温方法

植入式测温是一种不同于接触式测温的无线遥测技术，该方法将包含温度传感器和无线通信模块的测温装置植入动物的消化道、生殖道、皮下等部位，测温装置检测到的体温数据通过电磁信号传送到外部的数据接收器。

B. L. Kyle 等将温度传感器、无线发射模块、电源模块集成在棒状无线监测装置上，并将监测装置分别植入 8 头奶牛的阴道中，对奶牛体温进行为期一年的数据监测，获得了每头奶牛的体温数据。经过对采集的监测数据进行研究分析，发现丢失的奶牛体温监测数据约占总数据量的 0.57%，获取到的监测数据准确率为 96.61%。数据分析表明这个方法可以提供可靠的奶牛体温监测数据，但是阴道植入异物对奶牛刺激较大，难以在实际养殖中广泛应用[60]。也有研究人员通过外科手术的方式将无线温度传感器植入奶牛的会阴等部位的肌肉中，试图通过这种方式来监测奶牛体温进而判断奶牛的发情情况[61]。这类方法对动物伤害较大，实施操作较为复杂，也不易推广应用。E.Timsit 等研究人员将集成了无线温度传感器的瘤胃丸通过奶牛口腔投入瘤胃，实现对瘤胃内温度变化的自动监测。通过对比获得了瘤胃温度监测数据与直肠温度数据，研究发现瘤胃温度平均值比直肠温度高 (0.57 ± 0.27) ℃，两者相关系数 R^2 为 0.82，表明这种方法能通过测定瘤胃温度间接指示奶牛体温[62]。研究中也发现，奶牛饮水和瘤胃内发酵等因素对瘤胃丸温度测定技术的影响较大，进而影响奶牛体温监测系统的稳定性和监测数据的准确性。

植入式测温方法突破了接触式测温设备固定的瓶颈，测量数据的准确性和系统的稳定性高，能够实现自动测温。但是，植入的测温元件或装置可能会造成动物不适，影响动物健康和生产。如何避免这种不利因素或找到更合适的植入位点与办法，并避免瘤胃发酵及阴道液体的酸碱变化对测定元件的腐蚀作用是该方法进一步改进的重点。

5.2　无线传感器网络的综述

无线传感器网络(wireless sensor network，WSN)是指由分布在一定区域内的多个静止或移动的传感器节点组成，通过多跳和自组织方式构成的无线网络系统，其目的是采集和处理网络覆盖区域中检测对象的相关信息，并将这些信息报告给用户。无线传感器网络是传感器、网络通信、微电子等技术结合的产物，具有部署快速、无人值守、低功耗、低成本等优点[63]。无线传感器网络是近年来研究的热点，它从纯通信理论研究起步，经过不断的发展，现在已经成为多种学科交叉和多种技术并存的新兴研究领域。其实，传感器网络早在 20 世纪的 70 年代末期便已展现出雏形，这种传感器之间点对点传输的通信结构可以看作是第一代传感器网络。随着传感器、电子、通信、计算机、网络、自动化控制等相关技术的发展，传感器网络具有了获取多种信息进行综合处理的能力，并能通过集散控制系统进行互联。如今，这种具有信息综合处理能力的传感器网络已经发展到第三代[64]。从 20 世纪末开始，无线通信技术开始应用于传感器网络，人们用它组建智能化的传感器网络时，大量多功能、全数字、开放式的双向通信传感器网络被采用，并使用无线技术进行连接，无线传感器网络逐渐形成。无线传感器网络技术将逻辑上的信息世界与真实的物理世界相互关联融合，进而改变了人类与自然界的交互方式，拓展了人类对物理世界的认识范围，因而具有非常广阔的应用前景，广泛应用于国防军事、环境监测、无线通信、灾害预警、危险区域远程控制等领域。目前，无线传感器网络技术已经受到各国学术界和工商界的高度关注，被认为是将对人类生活方式产生巨大影响的一门新技术，美国《商业周刊》杂志将无线传感器网络技术称为 21 世纪世界最具有影响力的 21 项技术之一[65]。

5.2.1 无线传感器网络结构

无线传感器网络是由大量低功耗、功能不尽相同的小型无线传感器节点通过分布式和自组织方式相互连接形成，以实现网络覆盖范围内的实时监测、数据采集、设备定位等功能，方便控制中心的控制和管理，其拓扑结构如图 5-1 所示。

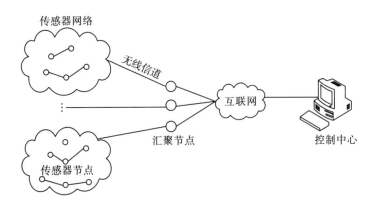

图 5-1 无线传感器网络拓扑结构图

在监控区域内，大量的传感器节点采用随机撒播方式或人工布置方式部署在区域中，部署后区域内的无线传感器节点通过自组织方式组成多跳路由的无线通信网络。而后监控区域内的无线传感器节点将监测和采集到的目标数据通过多跳路由的方式传到汇聚节点，然后再经过统一调制后传输到任务管理节点，于是控制中心就可以通过任务管理节点对整个无线传感器网络进行控制和管理。从通信网络的角度来说，无线传感器网络中，每一个节点都应该具有终端和路由的双重功能，即传感器在网络中扮演着终端和路由器的双重角色[66]。

一个无线传感器节点由处理器模块、传感器模块、无线通信模块和能量模块几部分构成，典型的无线传感器节点结构如图 5-2 所示。

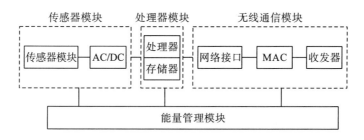

图 5-2　无线传感器网络节点结构图

传感器模块的工作是采集和调制监控区域内的数据。处理器模块的工作是对整个传感器模块采集到的数据进行操作和处理。无线通信模块的工作是完成与外部节点之间的相互通信，完成控制命令与数据的收发。能量管理模块提供整个无线传感器节点正常运行所需的能量。在不同的无线传感器节点中，根据功用的不同，每个模块所采用的技术也不尽相同，当然每个模块的能耗就不尽相同。传感器节点中最基本模块的能量消耗如图 5-3 所示。对于一些功能更加完善的传感器节点还可以包含其他类似移动系统、备用能源等辅助单元装置[67]。

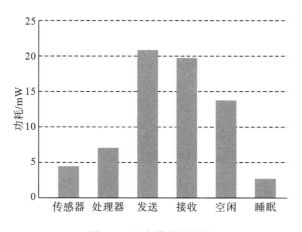

图 5-3　节点模块能耗图

5.2.2　无线传感器网络的特点

如前面所述，无线传感器网络由大量低成本、低功耗的微型传感器节点通过自组织方式连接而成，并且传感器节点间通过单跳或多跳的无线通信方式交换数据信息。无线传感器网络节点能够实时感知、监测和采集覆盖区域内的各种信息，并进行处理后报告给控制中心，其具有部署灵活、可靠性强、扩展方便、经济性好等特点，能够在恶劣的环境下工作，因此具有极高的研究价值和应用价值[67]。

无线传感器网络并非只是现有的网络技术和无线移动通信技术的简单叠加，而是对传统通信网络的设计模式的全面革新，其具有以下特点[68-70]：

(1)分布式和自组织。无线传感器网络中，节点呈分布式分散在监测区域内，并且它们的优先级是相等的，而且各节点通过分布式算法来协调，并且自动组织起一个多跳路由无线网络。

(2)能量有限。传感器节点一般由电池供电，常常部署在艰险的环境中，并且更换困难。因此传感器节点的能耗控制是保持无线传感器网络稳定性的关键因素之一。

(3)动态拓扑。由于无线传感器网络时常工作在不断变化的环境中，因此要求无线传感器网络必须具备动态组网的能力，具备自组织性和可重组性。

(4)规模大。为了获得更加精确的数据和信息，无线传感器网络通常在监测区域内布置分布密集节点，以此提高监测的工作精度，同时降低对单个节点传感器的精度要求，降低能耗。

(5)应用型网络。无线传感器网络是典型的应用型网络。针对不同的应用和需求，传感器可以配置不同的传感器模块和处理器模块，也利用射频通信技术等。

(6)以数据为中心。无线传感器网络中，控制中心需要监控的是监测区域内所有监测对象的信息，而不是单个节点所采集到的数据。换句话说，它关注的是信息，而不是节点本身。

(7)多跳路由。在无线传感器网络中，单个节点的功率有限，因此往往只能覆盖很小的通信半径，在和汇聚节点进行数据传输时，需要经过中间节点进行转发。实际上，在无线传感器网络中，每个节点既可以扮演终端设备的角色，也可以扮演路由器的角色。

5.2.3　ZigBee 介绍

5.2.3.1　ZigBee 协议体系结构

在近距离内的无线传感器网络技术中，ZigBee 技术的应用较为广泛。ZigBee 技术是近年发展起来的一种低成本、低功耗的近距离无线通信技术，又称紫蜂协议。其协议标准是 IEEE 802.15.4 协议，工作在 2.4GHz 或 868/915MHz 的工业科学医疗(ISM)频段。ZigBee 网络设备发射功率较低，一般在 0~3.6dBm，邻近的 ZigBee 两个节点间通信距离为 10～100m，在加大无线发射功率后可以增加到 1~3km。通过相邻节点的接续通信传输，ZigBee 设备可以实现多跳通信链路，大大增加了实际通信距离[71, 72]。在组网性能上，ZigBee 设备可以构造为星型网络或点对点等拓扑结构的网络。在每一个 ZigBee 组成的网络内，每个节点对应两个地址，分别为 64 位的长地址与 16 位的短地址。长地址为 ZigBee 设备全球唯一的地址标识，也称 IEEE 地址。短地址为网络地址，最多可以容纳 65536 个设备，具有较大的网络容量。

　　ZigBee 的协议架构由 ZigBee 联盟进行制订，其建立基础是 IEEE 802.15.4 标准。由于应用 ZigBee 技术的无线网络节点使用存储器容量受限的嵌入式处理器，所以 ZigBee 协议结构将常用的通信网络标准 OSI——7 层协议(物理层、数据链路层、网络层、传输层、会话层、表示层、应用层)简化为 4 层(物理层、媒体访问控制层、网络层、应用层)。ZigBee 协议结构的每一层负责完成所规定的任务，并且向上层提供服务，各层之间的接口(也称服务访问点，SAP)通过所定义的逻辑链路来提供服务。IEEE 802.15.4 标准定义了 ZigBee 的物理层(PHY)和媒体访问控制层(MAC)规范。网络层(NWK)和应用层(APS)的相关规范由 ZigBee 联盟组织进行制订[73, 74]。ZigBee 协议架构如图 5-4 所示。

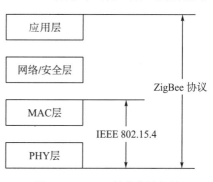

图 5-4　ZigBee 技术协议架构

5.2.3.2　ZigBee 网络的设备及拓扑结构

　　IEEE 802.15.4 和 ZigBee 联盟制订的标准对于 ZigBee 网络中的设备定义和术语有所不同。IEEE 802.15.4 根据网络中设备功能的不同定义了全功能设备(full-function device，FFD)和精简功能设备(reduced-function device，RFD)[75]。FFD 实现了全部 IEEE 802.15.4 协议，而 RFD 只根据特定应用需要实现了 IEEE 802.15.4 协议的一部分功能。在通信能力上，FFD 可以与所有其他的 FFD 或 RFD 通信，而 RFD 只能和与其关联的 FFD 进行通信。根据在网络中完成的任务不同，IEEE 802.15.4 网络的设备又可分为网络协调器、协调器和一般设备。在一个 IEEE 802.15.4 网络中只有一个网络器协调器，它是网络的总控制器，必须是 FFD。协调器通过发送信标提供同步服务，也是一个 FFD。网络中除了网络协调器和协调器，其他都是一般设备，可以是 FFD 也可以是 RFD，根据应用要求而定。ZigBee

联盟把 IEEE 802.15.4 中定义的网络协调器、协调器和一般设备分别称为 ZigBee 协调器(ZigBee 汇聚节点)、ZigBee 路由器(ZigBee 路由节点)和 ZigBee 终端设备 (ZigBee 传感器节点)[76]。

ZigBee 网络根据需要可以构成星形、簇树和网状拓扑结构，这三种网络结构 如图 5-5 所示。在星形拓扑网络中，所有终端设备都与唯一的网络协调器通信，终端设备间的通信由网络协调器转发实现。在簇树网络中，网络协调器不进行网络内设备间的数据转发，而是实现设备注册和访问控制等基本的网络管理功能。网状拓扑结构等网络允许多跳路由方式进行通信，具有自组织、自修复的 Ad-Hoc 组网能力，通常应用于设备分布范围较大的系统[77]。

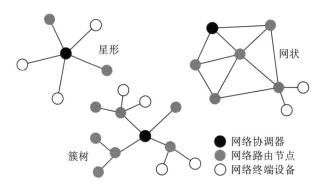

图 5-5 ZigBee 网络拓扑结构图

奶牛体温监测系统本质是由中心节点和数据采集终端构成的 ZigBee 无线传感器网络系统。中心节点是 ZigBee 网络协调器，接收来自数据采集终端发送的信息，并上传给监控中心计算机。数据采集终端是网络中的路由器和终端设备，主要工作是采集奶牛体温并发送给中心节点。其中，终端设备只采集和发送其所属奶牛的体温信息，而路由器除完成终端设备的基本功能，还要对一定范围内的终端设备信息进行转发。由于数据采集终端佩戴在奶牛颈部，与奶牛具有同样的动态集群分布特征，因此在构建系统时采用簇树拓扑结构。

5.3 奶牛体温监测系统的无线传感器网络设计

5.3.1 奶牛体温监测系统的结构

在规模化奶牛养殖过程中，对奶牛体温的监测，传统的人工测量方式效率低下，无法实现自动实时监测。本书中，结合奶牛精饲料饲喂量调控过程，利用非接触式测温技术和无线传感器网络技术设计奶牛体温监测系统，实现对奶牛体温的自动实时监测，为科学高效地进行奶牛养殖提供了可靠依据和有力保障。

奶牛体温监测系统工作中需要对奶牛体温信息进行采集，需要多个传感器共同工作，并且具有一定的动态特性。系统采集到的数据量不大，对通信速率要求不高，并且通信距离在几米到几百米之间，适合采用以无线传感器网络作为奶牛体温信息数据采集和通信的解决方案。对于需要监测体温信息的奶牛，在其身上佩戴一个体温监测数据采集终端，对奶牛体温数据进行采集和处理，通过无线射频信号将采集的体温数据发送给体温监测系统中心节点，并转发给奶牛精量饲喂系统的监控中心计算机。每个体温监测数据采集终端都拥有唯一的地址标识，系统通过这个地址建立起获取到的体温信息与奶牛个体的对应关系。由于奶牛养殖的饲喂过程中，奶牛分布具有一定的集群性和动态性，这使得位于奶牛身上的体温监测数据采集终端也具备相同的分布特点。在奶牛精量饲喂系统研究中，配合给料装置设计了以无线传感器网络技术为核心的奶牛体温监测系统，实时获取奶牛体温信息，其结构如图 5-6 所示。

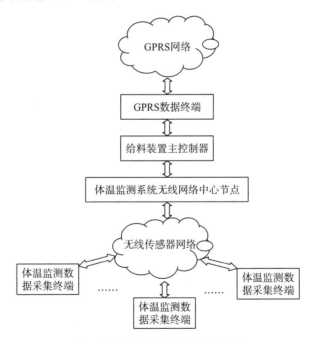

图 5-6　奶牛体温监测系统结构图

5.3.2　奶牛体温监测系统的开发环境

奶牛体温监测系统的数据采集终端设备和中心节点设备均使用 CC2430 芯片为处理器。CC2430 是 Chipcon 公司推出的符合 ZigBee 技术的 2.4GHz 射频系统的芯片，适用于包括 ZigBee 协调器、ZigBee 路由器和 ZigBee 终端设备在内的各类 ZigBee 无线网络节点。CC2430 在单个芯片上整合了微控制器、内存和 ZigBee 射频模块，使用 1 个 8 位 MCU（8051），具有 128KB 可编程闪存和 8KB 的 RAM，还包含模数转换器、定时器、AES-128 协同处理器、上电复位电路、掉电检测电路。CC2430 芯片在应用中只需要很少的外围器件配合就能实现信号的无线收发功能。

　　数据采集终端设备和中心节点设备是奶牛体温监测系统无线传感器网络中的传感器节点和汇聚节点。系统在硬件方面的主要工作是设计 CC2430 芯片的外围电路，在软件方面的主要工作是在 IAR Enbedded Workbench IDE 集成编译环境下利用 C 语言对移植了 Z-Stack-1.4.3-1.2.1 版本协议栈的 CC2430 芯片进行编程。Z-Stack 协议栈由 TI 公司免费提供，定义了协议的 PHY 层和 MAC 层，符合 ZigBee 2006 规范，可以提供 ZigBee 2006 规范要求的所有功能。IAR IDE 采用了 IAR Embedded Workbench 7.30 版本，适应多种处理器的嵌入式系统开发，支持在线调试功能，其开发环境界面如图 5-7 所示。

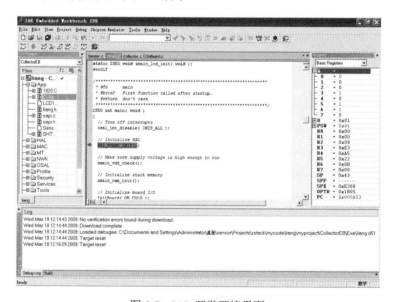

图 5-7　IAR 开发环境界面

5.3.3　奶牛体温监测系统的温度传感器选型

　　系统主要监测奶牛体温的信息，要求测温精度为 0.1℃，测温范围为 30～50℃。目前，测量温度的传感器很多，大致可以分为接触和非接触两种。由于本系统应用的温度测量对象是奶牛，而接触式温度传感器在测量时要侵入被测对象或紧贴其表面，这势必会给奶牛带来伤害或较大的不适感，因此接触式温度传感器不适用于本系统。设计中选用了日本 SEMITEC 公司生产的非接触式集成红外温度传感器 10TP583T，它集成了热电堆与热敏电阻，具有较高的灵敏度和实时性，其主要性能参数如表 5-1 所示。

表 5-1　10TP583T 性能参数

参数	典型值	单位
分辨率	0.01	
迟滞性	5	%F.S.
重复性	1	%F.S.
精度	0.01	℃
量程范围	−20~100	℃
线性度	5	%F.S.

5.3.4　数据采集终端设计

5.3.4.1　温度传感器驱动与放大电路设计

驱动电路为传感器提供适合而稳定的电压或电流，保证其正常工作，通常使用恒电压驱动和恒电流驱动两种方式。相对于恒电流驱动方式，恒电压驱动方式电路更简单，适用于精度要求不是很高的场合。温度传感器输出为毫伏级信号，必须对其进行放大处理，将放大处理后的红外温度传感器信号接入 CC2430 的 AD 输入端。系统设计的驱动与放大电路如图 5-8 所示。

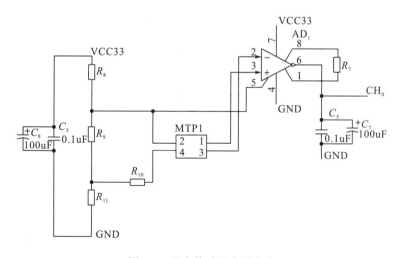

图 5-8　温度传感器应用电路

系统设计的温度传感器驱动电路采用恒电压驱动方式，温度传感器(图中MTP1)和放大器(AD1)经电阻 R_8、R_9 和 R_{11} 分压获得所需的稳定电压。放大电路采用了 AD620 型仪表放大器。AD620 是基于典型三运放方法的 8 引脚单芯片仪表放大器，其内部基本电路结构如图 5-9 所示。图中 R_G 为接在放大器引脚 1和引脚 8 之间的外部增益设置电阻。Q_1 和 Q_2 提供单差分对双极输入，经 Q_1、A_1、R_1 和 Q_2、A_2、R_2 形成反馈，使得输入端 Q_1 与 Q_2 的集电极电流恒定，从而使输入电压跨过 R_G。设 G 为通过 A_1 和 A_2 的信号差分增益，则 G 可由公式(5-4)计算获得[78]。

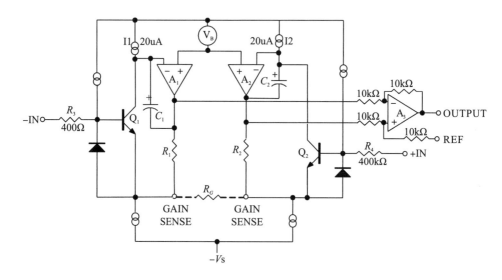

图 5-9   AD620 内部基本电路结构

$$G = \frac{R_1 + R_2}{R_G} + 1 \tag{5-4}$$

式中，R_1 和 R_2 为放大器内部增益电阻，其值为 24.7kΩ，可以通过调节外部电阻 R_G 的阻值来改变增益 G。由式(5-4)可以得到放大器增益 G 与外部增益电阻 R_G 的关系：

$$G = \frac{49.4\text{kΩ}}{R_G} + 1 \tag{5-5}$$

本书中红外温度传感器输出信号的电压值范围为 0～1.3mV，要将该电压值通过放大增益至 0～1.5V 后进行 AD 采样，则该放大电路设计增益 G 为

$$G = \frac{1.5\text{V}}{1.3\text{mV}} = 1153.85 \tag{5-6}$$

根据公式(5-5)换算出外部增益设置电阻 R_G 的值为

$$R_G = \frac{49.4 \times 1000}{1153.85 - 1} = 42.85(\Omega) \tag{5-7}$$

即图 5-9 中 R_7 的电阻值为 42.85Ω，设计中取值为 43Ω。

5.3.4.2　数据采集终端硬件电路设计

奶牛体温监测系统数据采集终端作为传感器网络的传感器节点，其硬件采用 CC2430 作为主芯片，以 10TP583T 芯片为传感器，其电路原理图如图 5-10 所示。电路中外置一个非平衡天线，并通过非平衡变压器，提升了天线性能。在电路中，采用电容(C_4)、电感(L_1、L_2、L_3)和电阻及微波传输覆铜线组成非平衡变压器，保证射频输入和输出匹配电阻的要求。低噪声宽带放大器(LNA)和功率放大器(PA)之间的交换由芯片内部 T/R 交换电路完成。电阻 R_1 为 CC2430 芯片 26 脚 (RBIAS2)提供精确的电阻，偏置电阻 R_2 为 32MHz 的晶振提供一个合适的工作电流。XTAL1 是 1 个 32MHz 的石英谐振器，它和 2 个电容(C_5 和 C_6)构成 32MHz 的晶振电路。XTAL2 是 1 个 32.768kHz 的石英谐振器，它和 2 个电容(C_1 和 C_2)构成 32.768kHz 的晶振电路。奶牛体温监测数据采集终端采用 3V 电池直流供电，采用稳压芯片 2101A 为 CC2430 和红外温度传感器提供 3.3V 的工作电压。

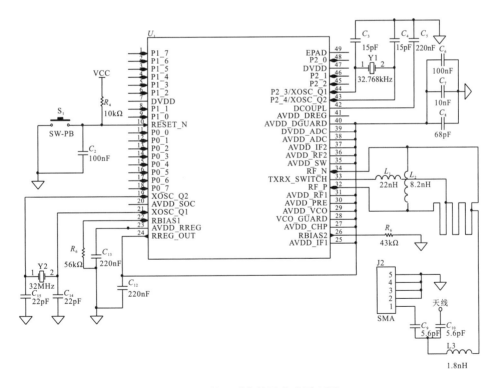

图 5-10　数据采集终端电路原理图

5.3.4.3 数据采集终端软件流程设计

本书设计的数据采集终端是 ZigBee 的全功能节点，其程序的主要功能是实现硬件电路初始化和组网，并根据应用要求进行奶牛体温信息的采集和数据传输。

在完成对硬件电路初始化之后，数据采集终端开始发送消息，进行信道扫描来寻找网络。由于网络结构属于簇树结构，在网络中的数据采集终端划分成若干个簇，成为簇首节点的数据采集终端充当路由器，除了采集发送奶牛体温数据，还要转发其他终端设备的消息，同时还要完成建立簇的工作[79]。簇首的选择和建簇过程在后面进行详细论述。在簇内的数据采集终端仅进行奶牛体温数据采集和发送工作。数据采集终端对奶牛体温信息的数据采集工作按周期方式进行，根据系统要求和体温数据变化特点，本书中的采集发送周期为 30min。数据采集终端软件流程如图 5-11 所示。

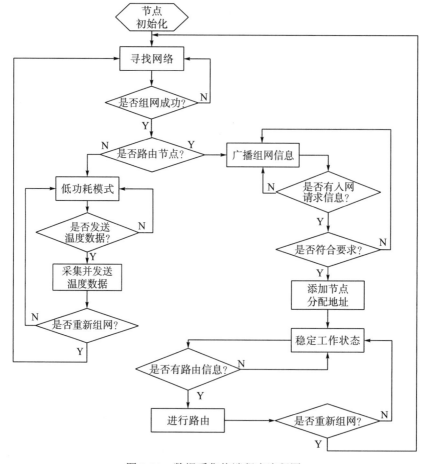

图 5-11 数据采集终端程序流程图

数据采集终端调用 Z-Stack 协议栈的发送数据函数 AF_DataRequest()将温度传感器采集的奶牛体温数据发送到中心节点。AF_DataRequest()原型为

```
afStatus_ AF_DataRequest
(
afAddrType_t *dstAddr, //目的地址指针
endPointDesc_t *srcEP, //发送源端点的描述符指针
uint16 cID, //Cluster ID, //消息的唯一 Cluster ID，类似于消息 ID
uint16 len, //发送数据的字节数
uint8*buf, //发送数据缓冲区的指针
uint8*transID, //发送序列号指针，随着发送数据的增加而增加
uint8 options, //发送消息选项
uint8 radius//发送消息的最多跳数
)
```

AF_DataRequest()函数中的*dstAddr 为发送数据传感器节点地址，*srcEP 地址指针为协调器节点地址，这两个地址由协调器在组网时确定。Len 是发送数据的字节数，根据 ZigBee 网络的通信协议确定。radiius 参数决定节点发送数据的最多跳数，达到跳数后，数据在网络上的生存时间结束。

5.3.5　中心节点的设计

5.3.5.1　中心节点的硬件电路设计

奶牛体温监测系统的中心节点是 ZigBee 的网络协调器设备，也是网络的汇聚节点，接收来自 ZigBee 网络采集的奶牛体温数据。由于中心节点本身并不直接进行数据采集工作，因此不用考虑其与传感器的接口问题。中心节点硬件由无线收发器 CC2430、射频天线 RF、晶振电路和串口电路组成，其电路组成与数据采集终端电路基本相同，只是并不连入温度传感器，并增加了串行通信接口电路。由于使用不平衡的单极天线，为了优化性能，同样使用了不平衡变压器。

中心节点接收 ZigBee 网络中各数据采集终端获取的奶牛体温信息，这些数据通过 EIA232 总线发送至给料称重主控制器通信模块的从机，由其进行处理并完成与通信模块 EIA485 总线的通信。由于 EIA232 电平与 CC2430 的 TTL 电平不一致，所以需要设计电平转换的接口电路。本书中，电平转换接口电路采用 MAX232 芯片进行电平转换，接口电路如图 5-12 所示。

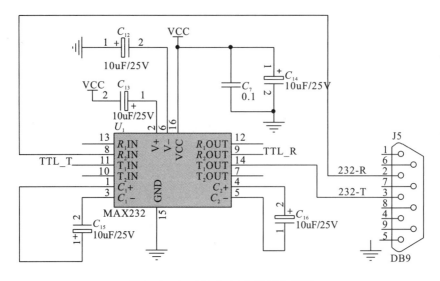

图 5-12　EIA232 与 TTL 接口电路图

5.3.5.2　中心节点的软件流程设计

中心节点程序的主要任务是组建网络、接收数据采集终端的奶牛体温信息、通过串行通信上传数据，其软件流程如图 5-13 所示。

中心节点初始化成功后开始进行网络组建，形成一个具有独立 ID 号的网络。网络形成以后，中心节点对相关参数的属性进行设置，允许其他网络节点连接该网络，为连入网络的节点设备分配网络地址，并进行网络邻居表、路由表等项目的网络维护。新网络的建立过程通过 NLME_NETWORK_FORMATION.request 服务原语发起，中心节点的网络层管理实体通知 MAC 层扫描指定的信道组，并通过 MLME_SCAN.confirm 服务原语返回信道扫描结果。当中心节点收到成功的能量扫描结果后，进一步检测设置的信道是否满足要求，如果成功就生成一个网络 ID 标识符用于描述新网络。网络 ID 标识符确定后，网络层管理实体会产生 16 位的网络地址，并将这个地址设置为 MAC 里的 macshortAddressPIB 参数值。网络地址确定后，网络层管理实体发出 MLME_START.request 原语给 MAC，开始新网络的运行。新网络运行后，接收来自附近的 ZigBee 传感器节点和路由节点的入网请求信息。接收到入网请求信息后，网络层管理实体判断发出请求信息的节点设备是否已经存在于自己的网络中，并对首次申请入网的节点设备分配一个唯一的 16 位短地址。中心节点将申请入网的节点设备加入网络后，将其作为子节点，在网络运行时接收来自子节点的数据帧。这样的入网机制保证了奶牛体温监测系统中，未加入任何簇的数据采集终端可以直接与中心节点进行数据通信，避免了因入簇失败而引起佩戴该终端的奶牛体温信息无法获取的现象。

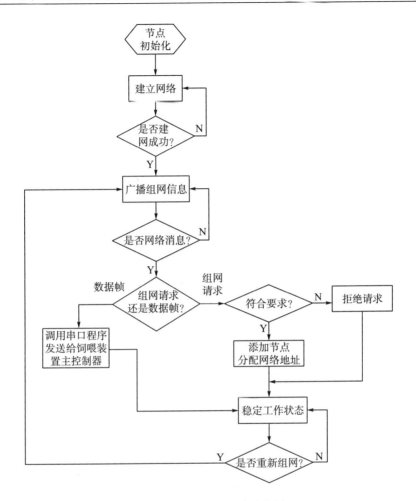

图 5-13　中心节点程序流程图

本书中，中心节点接收到网络中各节点数据的数据帧后，通过调用 Z-Stack 协议栈串口驱动函数将数据传输到给料称重主控制器通信管理模块的 EIA485 通信总线，再经由 GPRS 网络和 Internet 网络发送给监控中心计算机。Z-stack 协议栈串口驱动函数初始化代码如下：

```
uarConfig.baudRate=Hal_UART_9600;
uarConfig.rx.maxBufSize=128;
uarConfig.tx.maxBufSize=128;
uarConfig.callBackFunc=uartRxCB;
HalUARTOpen(0, &uarConfig);
```

5.3.6　奶牛体温监测系统的通信测试

奶牛体温监测系统的通信距离试验主要测试无线传感器网络中的节点设备在无阻挡环境、部分阻挡环境和完全阻挡环境三种条件下不同通信距离的通信质量。在试验中利用笔记本电脑配合串口调试助手软件对所设计的奶牛体温监测系统的中心节点及体温监测数据采集终端(数据采集终端装入 2 节 1.5V 电池)进行测试。中心节点及数据采集终端硬件实物如图 5-14 所示。

中心节点设备　　　　　　　　　　　　　　体温监测数据采集终端

图 5-14　奶牛体温监测系统中心节点与数据采集终端

1)测试环境

测试分别在无阻挡环境、部分阻挡环境和全阻挡环境三种条件下进行。无阻挡环境和部分阻挡环境设在学校运动场内,其场地为空旷的室外标准田径场地。部分阻挡条件设置为 4 个身高约 1.75m 的同学并排紧靠在一起形成的人墙。完全阻挡环境设在有墙壁分隔的两个相邻房间,墙壁为厚度约 0.25m 的砖混实心结构。

2)试验方法

在 ZigBee 无线传感器网络节点通信距离测试中,采用了点对点式通信的测试方法进行。通过串行总线连接测试节点(传感器节点或中心节点)设备串行通信端口与笔记本电脑的串行通信端口,在笔记本电脑上利用串口调试助手获得测试节点接收到的另一测试节点设备发送的数据。试验开始前,将两个被测节点设备在邻近状态下建立通信,并保证节点设备电源充足。试验开始后,连接笔记本电脑串行通信端口的测试节点设备位置固定,另一测试节点设备设置在不同的测试距离,分别以每 20s 一次的频率发送当前温度数据,每个测试距离发送数据次数为100 次。在试验过程中,两个测试节点设备尽量保持在同一水平线上。

3) 测试距离设置

在无阻挡环境和部分阻挡环境下，两个测试节点设备间距从最近位置开始，以 5m 为单位逐次增加至 85m。在全阻挡环境下，墙壁距离固定测试节点设备约 0.1m 并关闭门窗，另一测试节点设备在墙壁另一侧从紧贴墙壁开始以 0.5m 为单位依次移动至 10m，两测试节点设备间的直线方向保持与墙壁垂直。

4) 测试结果及分析

按照上述试验条件和方法进行试验，获得的试验数据如图 5-15 和图 5-16 所示。更换多组测试节点设备重复试验，获得的各组数据差异不明显。

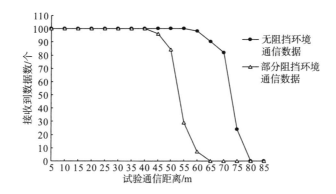

图 5-15　无阻挡和部分阻挡环境奶牛体温监测系统通信距离测试数据

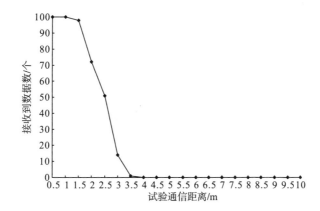

图 5-16　全阻挡环境奶牛体温监测系统通信距离测试数据

试验结果表明：在无阻挡和部分阻挡两种通信环境中，奶牛体温监测系统的 ZigBee 无线传感器网络节点设备间通信质量都随通信距离增加而呈下降趋势。在无阻挡环境中，当通信距离小于 70m 时，数据通信质量良好，基本无丢失数据现象。当通信距离超过 75m 时，通信质量下降，通信距离超过 80m 后，基本无法进行正常通信。在部分阻挡环境中，当通信距离大于 45m 时，开始出现丢失数据现象，当通信距离超过 60m 后，通信基本中断。在全阻挡环境中，墙体对网络通信质量影响较大，随通信距离增加，数据的成功接收率下降得更加快速。当通信距离超过 3m 时，通信基本中断。这是由于系统设计的体温监测采集终端与中心节点设备工作在 2.4GHz 的频段上，对障碍物反应较为明显。考虑到奶牛养殖现场通常为部分阻挡环境，而奶牛与给料装置(中心节点)和奶牛与奶牛间的距离一般不会很远，并且系统在进行通信时还可以通过数据采集终端进行数据转发，因此系统能够满足奶牛体温监测的应用。

5.4　奶牛体温监测系统的网络路由设计

5.4.1　ZigBee 网络路由分类

由 ZigBee 技术组成的无线传感器网络路由的目的是从信源到信宿分组数据传输过程中选择适合的优化路径，并能够沿着选定的路径正确转发数据。无线传感器网络路由协议可分为以数据为中心的路由协议、集群结构的路由协议、基于地理位置(geographic)的路由协议、基于能量感知的路由协议、基于服务质量(quality of service，QoS)的路由协议等几种[80, 81]。

1) 以数据为中心的路由协议

以数据为中心的路由协议按属性对传输数据进行命名，对属性相同的数据进行融合操作，传输过程中可以减少网络中冗余数据量。在此类路由协议中同时集成了网络路由任务和应用层的数据管理任务。无线传感器网络是一种以数据为中心的网络，因此，针对以数据为中心的路由协议研究较早，路由算法较多，主要有泛洪法(flooding)、闲聊法(gossiping)、基于协商的路由法(sensor protocol for information via negotiation，SPIN)、定向扩散法(directed diffusion，DD)等[82-84]。

2) 集群结构的路由协议

集群结构路由协议实质上是一种分层结构的路由协议，在路由协议中，无线传感器网络通常被划分为多个簇，每个簇由簇首和多个簇成员构成。多个簇首形成高一级的网络，在这个高一级网络中又可以再进行分簇，形成更高一级的网络，直到最高级别的汇聚节点。在簇的形成过程中，簇首的临近程度和节点能量是主要依据。簇首节点负责簇内成员节点的管理，完成簇内信息的收集和融合处理及簇间数据的转发。分层结构有利于网络扩展，可以应用于大规模的无线传感器网络。典型的集群结构路由算法有 LEACH、PEGASIS、TEEN 和 TTDD。

3）基于地理位置的路由协议

无线传感器网络中许多应用都需要传感器节点的位置信息。基于地理位置路由协议的前提是节点知道自身和目标节点的地理位置，利用这些地理位置信息作为路由选择的依据。通常这些地理位置信息要由附加的定位系统提供。常见的基于地理位置的路由协议算法有 GEAR、GPSR 等。

4）基于能量感知的路由协议

无线传感器网络的绝大部分节点都是依靠电池提供能源，在运行中对网络能效要求较高。能量感知路由以数据在网络中传输的能耗为中心，研究最优能量消耗路径以及最长网络生命期的相关问题，以实现网络中能量的高效利用。常用的能量感知路由算法有能量路由、能量多路径路由、具有能量意识的分簇路由等[85]。

5）基于 QoS 的路由协议

目前对于网络 QoS 的定义尚无统一标准，一般可定义为网络元素对网络数据的传输承诺的保证级别。无线传感器网络带宽相对较低、节点内存及能力相对有限，使传统有线网络中的 QoS 机制无法直接应用，而对于通信质量要求较高的无线传感器网络应用，需要应用 QoS 网络路由协议。目前常用的基于 QoS 的路由算法有 SPEED 路由算法、SAR 路由算法等[86, 87]。

本书中奶牛体温监测系统的 ZigBee 网络采用树簇拓扑结构，并且其终端节点具有一定的动态性。在 ZigBee 路由算法设计时，选择集群结构路由中应用较为广泛的 LEACH 分簇算法进行研究。

5.4.2　LEACH 路由算法机制

LEACH（low-energy adaptive clustering hierarchy，低功耗自适应集簇分层）路由协议是为无线传感器网络设计的低功率自适应分层路由协议，出发点主要是平均分配网络中节点的能耗，实现节点能耗平衡，达到延长网络生存时间和降低能耗的目的。其基本思想是网络周期性地随机选择簇首节点，平均分配转发通信任务。LEACH 路由协议每个簇首的工作周期分为初始化和稳定工作两个阶段，两个阶段形成的一个工作周期称为轮（round）。初始化阶段随机选择簇首，簇首节点向周围广播消息，其他节点根据就近原则选择是否加入该簇，并告知相应簇首。稳定工作阶段，簇首将来自节点的采集数据进行必要的融合处理，发送到汇聚节点。簇首节点的数据融合工作减少了网络数据量，但对于簇首节点本身增加了能耗，需要定期更换簇首节点。

簇首节点的选择是由网络中计算得到的最优能耗下的簇首节点总数和已知节点被选为簇首的个数来决定。为了保证每个节点都有均等次数被选为簇首节点，要求每个节点在运行 N/k 轮中能够平均被选作簇首节点一次，才能保证网络能耗均衡，其中 N 代表传感器节点总数，k 表示簇首节点总数。每个节点选择[0，1]中的一个随机数，如果选定值小于某个阈值 $T(n)$，则该节点成为簇首节点。实际上 $T(n)$ 为网络中未成为簇首的节点在第 r 轮成为簇首的平均概率，其计算为

$$T(n) = \begin{cases} \dfrac{k}{N - k\left(r \bmod \dfrac{N}{k}\right)}, & G_i = 1 \\ 0, & G_i = 0 \end{cases} \tag{5-8}$$

式中，r 为当前完成传输的轮数，当节点 i 在每个 N/k 轮的循环中被选中作为簇首节点时，就由函数 C 赋值为 0，否则为 1；$k\left(r \bmod \dfrac{N}{k}\right)$ 部分是计算 r 轮后已当选簇首节点的总数。

LEACH 路由算法的主要优点有：

(1)算法采用层次结构，适用于集群结构的网络，其路径的选择及路由信息的储存都非常简捷，节点无须储存大量的路由信息，适合结构简单的无线传感器网络应用。

(2)各节点成为簇首的机会均等，全网负载比较均衡，并且轮换簇首的过程不需要上层进行控制，也不需要大量的全网信息，实现起来比较容易。

(3)由于 LEACH 算法通过随机方式选择簇首，与一般的平面多跳路由协议或静态分簇算法相比，各节点平均分担中继通信业务，网络生存时间可以获得延长。

在拥有优良性能的同时，LEACH 路由算法也存在一些问题。网络中各节点担任簇首的概率相等，剩余能量相差较大的不同节点做簇首的概率完全相同。当能量较低的节点选作簇首时，由于中继通信业务增加，能量进一步损耗，很容易引起该节点能量耗尽而失效。这不但会缩短网络生存时间，还可能导致整个簇都无法通信，破坏网络的健壮性。此外，LEACH 路由算法随机选取簇首可能出现较差的分簇情况，这样会导致各个簇中的节点数严重不均衡，不利于全网负载的均衡。

LEACH 路由算法在集群结构的无线传感器网络中应用较为广泛，但是传统LEACH 路由算法自身存在的问题不利于网络的良好运行。因此，应根据实际情况对 LEACH 路由算法进行优化，保证网络能够在较长生存时间和较高健壮性的状态下良好运行。

5.4.3 应用 LEACH 路由算法的网络节点能耗分析

无线传感器网络中的节点通信可以近似为一个一阶无线电模型，该模型由无线电发射电路、放大电路和无线电接收电路三部分构成。对该无线电模型做简化处理，认为通信中各节点设备和无线信号各个方向的传输能耗相同，分析时只考虑无线射频部分的能耗，汇聚节点(中心节点)固定且远离网络覆盖地区，

通信过程中双向传输能耗相同。在简化模型中，各网络节点设备传输数据的能耗可分为信号收发电路能耗和信号放大电路能耗，模型传输 k 位数据时，节点能耗可用下式表示：

$$E_K = k(E_c + k\varepsilon_{\text{amp}} d^\lambda) \tag{5-9}$$

式中，E_K 为传输 k 位数据的节点能耗，J；k 为传输信号的数据位数；E_e 为发射和接收电路的能量消耗，J；d 为无线信号传输距离，m；ε_{amp} 为放大电路能耗比例系数；λ 为无线信号常量。

设信号发射端与接收端距离阈值为 d_0，根据无线通信传输理论，当 $d < d_0$ 时，通信符合自由空间衰减（free-space）无线信道模型，此时，$\lambda = 2$，$\varepsilon_{\text{amp}} = \varepsilon_{\text{fs}}$；当 $d \geq d_0$ 时，通信符合两径传输衰减（two-ray gound reflection）信道模型，此时，$\lambda = 4$，$\varepsilon_{\text{amp}} = \varepsilon_{\text{em}}$。整理可得节点在不同情况下传输 k 位数据的能耗为

$$E_K = k(E_e + k\varepsilon_{\text{fs}} d^2), \qquad d < d_0$$
$$E_K = k(E_e + k\varepsilon_{\text{mp}} d^4), \qquad d \geq d_0 \tag{5-10}$$

式中，$\varepsilon_{\text{fs}} = 10\text{pJ} / (\text{bit} \cdot \text{m}^2)$，$\varepsilon_{\text{mp}} = 0.0013\text{pJ} / (\text{bit} \cdot \text{m}^4)$。

公式（5-7）和公式（5-8）是对无线传感器网络节点在简化模型下的能耗计算。当采用 LEACH 路由算法的无线传感器网络分簇后，成为簇首的节点由于在网络通信中的角色发生了变化，相应的通信工作量也大大提高，这使得其能耗有所增加。同时，由于分簇情况的不同，各簇首节点的能耗情况也不一致。对于一个存在 N 个节点的无线传感器网络，假设 N 个节点均匀分布在正方形范围内。若在 LEACH 路由算法的一轮中簇首节点为 m 个，则平均各簇内成员节点有 $N/m-1$ 个。假定簇内成员节点在一个时间片内发送 1bit 的数据，则簇首节点能耗 E_{CH} 为

$$E_{\text{CH}} = lE_e\left(\frac{N}{m} - 1\right) + E_A\left(\frac{N}{m} - 1\right) + \frac{1}{L}\left(\frac{N}{m} - 1\right)E_K + \frac{1}{L}\left(\frac{N}{m} - 1\right)\varepsilon_{\text{BS\_amp}} d_{\text{toBS}}^4 \tag{5-11}$$

若无线传感器网络具有较大规模，不妨设 $\dfrac{N}{m} \gg 1$，则式（5-11）可写成

$$E_{\text{CH}} = lE_e \frac{N}{m} + E_A \frac{N}{m} + \frac{1}{L}\frac{N}{m}E_K + \frac{1}{L}\frac{N}{m}\varepsilon_{\text{BS\_amp}} d_{\text{toBS}}^4 \tag{5-12}$$

式中，l 为簇内成员节点发送给簇首节点的分组数据大小，bit；E_A 为对 1bit 数据进行融合处理的能耗，J；L 为数据融合比例；$\varepsilon_{\text{BS\_amp}}$ 为簇首节点与汇聚节点通信时放大电路的能耗比例系数；d_{toBS} 为簇首节点到汇聚节点的距离，m。

簇内成员节点在一个时间片内的能耗为

$$E_{\text{CN}} = lE_e + l\varepsilon_{\text{CM\_amp}} d_{\text{toCH}}^2 \tag{5-13}$$

式中，$\varepsilon_{\text{CM\_amp}}$ 为簇内成员节点到簇首节点通信时放大电路能耗比例系数；d_{toCH} 为簇内成员节点到本簇簇首节点的距离，m。

全网络在一个时间片内的能耗为

$$E_{All} = mE_{CH} + (N - m)E_{CN} \qquad (5\text{-}14)$$

从以上分析可以看出，对于应用 LEACH 路由算法的无线传感器网络节点而言，其能耗主要与传输数据位数、节点收发电路能耗、节点放大电路放大倍数和通信传输距离有关。其中，通信传输距离是影响节点能耗的主要因素，当通信传输距离超过距离阈值 d_0 时，两径传输衰减传输方式的能耗急剧增加。Heinzelman 博士在对 LEACH 路由算法进行研究时，计算出了在理想实验情况下两种衰减模型的阈值 d_0 为 86.2m。在实际应用中，采用 LEACH 路由算法的无线传感器网络节点距离应该尽量布置在这个距离以内。对于簇首节点而言，由于其通信工作量大，能耗也比较大，容易因能量耗尽而退出网络，引起簇内成员节点无法通信[88-90]。

5.4.4　LEACH 路由算法的改进

LEACH 路由的簇首节点是随机产生的，不考虑簇首节点的分布问题，在分簇时可能出现不合理的情况，那就是在节点密集的区域簇首节点很多，节点稀少的区域簇首节点很少甚至没有。这样就有可能造成部分节点无法联入网络，或者数据因多个簇首节点重复传输带来的能耗过大，影响网络通信质量和生存时间。

为避免上述现象的发生，本书对 LEACH 路由算法进行了改进，采用了不均匀分簇和参考节点剩余能量选择簇首的方法。在分簇过程中根据簇首节点与汇聚节点的距离来控制簇的规模，使距离汇聚节点越近的簇范围越大，距离汇聚节点越远的簇范围越小，其分簇模型如图 5-17 所示。这种分簇方法保证了在网络中合理分布簇的规模，在新一轮簇首选举时，不需要重新分簇，避免了 LEACH 算法中重新成簇所带来的能耗。由于 LEACH 算法的簇首节点与汇聚节点之间采用单

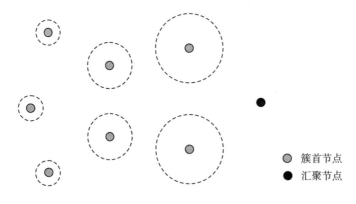

图 5-17　不均匀分簇模型图

跳路由方式,这使得距离汇聚节点越远的簇首节点传输数据的能耗越大。较小范围的分簇可以使远离汇聚节点的簇内节点较少,这样就减少了簇首节点转发的数据量,从而降低了簇首节点能耗,使网络内节点能耗更加均衡,延长了网络生存时间。

由于改进后的算法在分簇时要了解簇首节点与汇聚节点的距离,所以汇聚节点在网络部署阶段以给定功率向网络内广播信息,传感器节点根据接收信号的强度估算出其与汇聚节点间的距离。簇范围用簇半径来衡量,簇半径可以通过下式获得[91]:

$$R = \left(1 - C\frac{d(s_i, \text{Sink}) - d_{\min}}{d_{\max} - d_{\min}}\right)R_{\max} \tag{5-15}$$

式中,R 为簇半径,m;$R_{\max}$ 为候选簇首的最大半径,根据前面的论述,其选值应小于通信距离阈值,m;$d_{\max}$ 为候选簇首距离汇聚节点的最远值,m;$d_{\min}$ 为候选簇首距离汇聚节点的最近值,m;$d(s_i, \text{Sink})$ 为候选簇首 s_i 与汇聚节点间的距离,m;C 为簇半径取值控制系数,取值范围为 0~1。

对于簇首节点的选择,以节点剩余能量多少作为选择簇首节点的主要标准。设定一个阈值 K(候选节点概率),网络中每个传感器节点生成大于零且小于 1 的随机数,随机数大于 K 的节点成为候选簇首节点。每个候选簇首节点都以 $R_{\max}$ 为半径广播消息,消息中包括节点的 ID、簇半径 R 和当前剩余能量 PA。所有候选簇首节点都会接收到 $R_{\max}$ 半径内其他候选簇首节点的消息,根据消息信号强度,候选簇首节点估算其与发送消息的其他候选簇首节点间的距离。若发送消息的候选簇首节点在接收消息的候选簇首节点簇半径内,则彼此加入对方簇首集合。簇首集合中剩余能量(PA 值)大的成为簇首节点。当存在 PA 值相同的节点时,簇首节点的 ID 大的作为簇首节点。簇首节点产生后向全网发出稳定功率的广播消息。网络中其他节点接收到簇首节点的广播消息后,向信号最强的簇首节点发送入网请求信息,当簇首节点收到来自成员节点的加入消息后,产生一个基于成员节点数目的 TDMA 时隙表,簇首节点将根据实际情况同意加入或拒绝加入。若同意加入,簇首节点则根据簇内节点的情况产生 TDMA 时隙表,簇内节点在特定时隙内与簇首节点进行通信,其他时间处于低功耗状态,减少能耗。当簇首节点的剩余能量低于某限定值时,在簇内重新选择剩余能量较多的节点作为簇首节点,簇结构维持不变。改进的 LEACH 算法在系统数据采集终端应用,由节点路由模块实现,其算法流程如图 5-18 所示。

改进的 LEACH 算法兼顾了分簇合理性和节点能耗均衡性,避免了传统 LEACH 算法簇首节点选取中的不合理情况和每轮重新分簇带来的能耗,对于规模不大的 ZigBee 网络,可以实现节点的能耗均衡,延长网络生存时间。

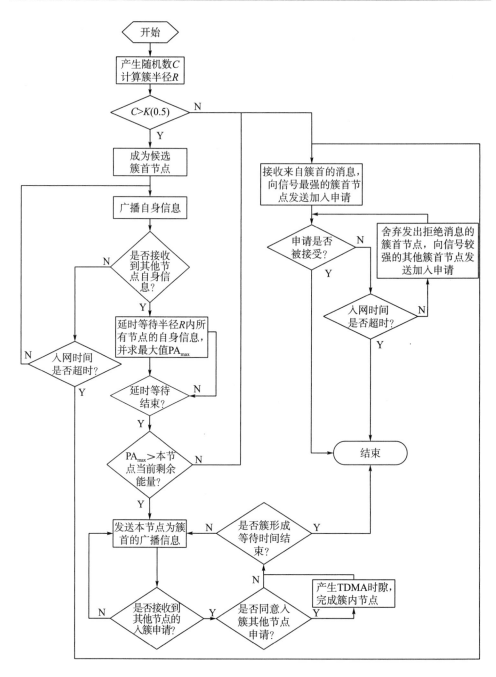

图 5-18　改进 LEACH 算法流程图

5.4.5　改进 LEACH 路由算法仿真

为验证改进 LEACH 路由算法(改进后的简称为 LEACH-G)的功效,本书中利用 OMNeT++(objective modular network testbed in C++)IDE4.0 仿真软件对 LEACH-G 路由算法和传统 LEACH 路由算法进行对比仿真实验。OMNeT++是一个免费开源的网络模拟软件,通过模型建立、模拟实现和结果分析三个阶段来实现仿真过程。它的集成开发环境基于 Eclipse 平台,支持使用 Network Discription 语言和 C++语言进行建模,并将创建的网络模型存入 ned 文件中,将网络模型配置文件存入 ini 文件中。OMNeT++建立网络模型的流程如图 5-19 所示。

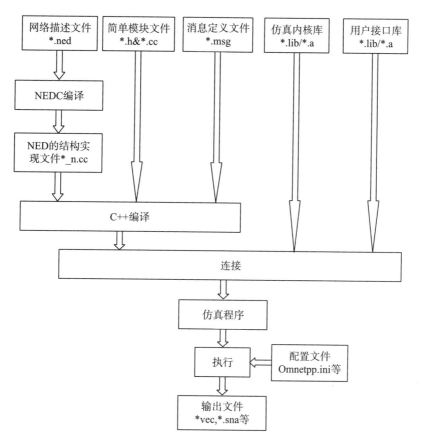

图 5-19　OMNeT++建模流程

仿真模拟无线传感器网络范围为 100m×100m,汇聚节点位于该区域内,具有相同初始能量的 100 个传感器节点随机分布在网络范围内。仿真过程中不考虑节点进行数据融合的能耗。在 OMNeT++ IDE4.0 环境下，用 Network Discription 语言建立汇聚节点(sink)模块、传感器节点(node)模块和混合模块(leach)，分别存放在 sink.ned、node.ned 和 leach.ned 中。仿真实验主要参数配置如表 5-2 所示。应用前面论述的 LEACH-G 路由算法和传统 LEACH 路由算法进行对比仿真实验，选取采用两种路由算法无线传感器网络的网络总能耗和网络存活节点数目两个指标进行对比分析，其对比结果如图 5-20 和图 5-21 所示。

表 5-2   仿真实验参数表

仿真参数	参数设定值
网络范围	100m×100m，坐标原点 (0, 0) 位于左上角
汇聚节点位置	(50, 50)
传感器节点初始能量	2J
信道带宽	2M
消息长度	500byte
信息包长度	25byte
传播速度	$3×10^8$m/s
时间片大小	0.032s
每轮时间	20s
传感器节点死亡能量	0.0001J

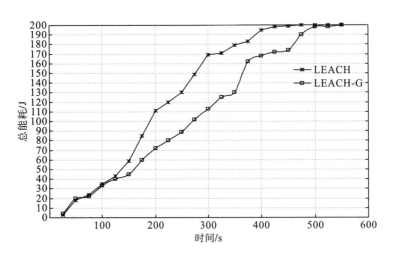

图 5-20   仿真实验网络总能耗对比结果

网络总能耗反映网络在运行过程中全部节点的能量消耗情况，图 5-20 为同一无线传感器网络采用传统 LEACH 路由算法和 LEACH-G 路由算法的网络总能耗对比情况。从对比结果来看，在网络运行前，网络总能量均为 200J，在网络运行初期，LEACH 路由算法的网络总能耗稍低于 LEACH-G 路由算法的网络总能耗。随着网络运行时间的增加，LEACH 路由算法的网络总能耗明显高于 LEACH-G 路由算法，并首先将全部能量耗尽。分析其原因，是由于 LEACH-G 路由算法增加了簇形成时期的运算量，因此在网络运行初期能耗稍大于传统 LEACH 路由算法。随着网络稳定运行，分簇规则和簇首节点选取合理，采用 LEACH-G 路由算法的网络内各节点能耗均衡，同时没有重新分簇时的额外能耗，其网络总能耗开始低于采用传统 LEACH 路由算法的网络总能耗。这表明采用 LEACH-G 路由算法的网络比采用传统 LEACH 路由算法的网络更加节省能耗。

　　网络存活节点数目是网络生存时间的重要指标，分析如图 5-21 所示的采用 LEACH-G 路由算法和传统 LEACH 路由算法的网络存活节点数对比情况，采用传统 LEACH 路由算法的网络出现死亡节点的时间和全部节点死亡的时间都要早于采用 LEACH-G 路由算法的网络。这说明传统 LEACH 路由算法对簇首节点的选择机制不合理，造成了簇首节点能耗过大，能量过早耗尽而退出网络。网络存活节点数目的对比分析结果表明，相对于传统 LEACH 算法而言，采用 LEACH-G 算法的无线传感器网络节点能耗更加均衡，网络生存时间更长。

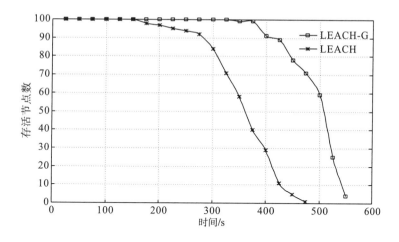

图 5-21　仿真实验 LEACH 与 LEACH-G 网络各时段存活节点数对比图

5.5　奶牛体温监测系统无线传感器网络高能效数据压缩方法

　　在无线传感器网络应用中，传感器节点的主要能耗来自数据传输模块。在网络中，中心节点需要实时地监控各个节点的监测信息、故障信息等数据，无线传感器网络在其中工作时，需要传输和处理的数据量往往非常庞大，这不仅增大了数据传输延迟发生的可能性，也加快了节点的能量消耗过程。因此，在保证精度的前提下，在数据开始传输前对其进行压缩处理，规避潜在的延迟风险，降低节点的平均传输能耗，逐渐成为目前针对无线传感器网络能效提升问题中的热点研究领域[92-95]。

在无线传感器网络中，节点普遍采用多跳传递的通信方式进行数据传输。因此，当汇聚节点发出指令对微网中某一个模块所记录的信息进行采集时，会产生一条由汇聚节点出发，经过目标模块再回到汇聚节点的传输路径，所以汇聚节点收到的信息中会包含当前路径中所有节点的相关信息。如果路径选择不当，不仅会导致接收数据冗余，同时也无谓消耗了节点的能量。因此，找到一种合适的数据压缩技术，在使无线传感器网络能够通过压缩后的少量信息，完成对原始信息重构的同时，也能够优化信息的传输路径，降低网络平均能耗，就成为微网中无线传感器网络提升数据传输能效的途径之一。

5.5.1 无线传感器网络中的数据压缩技术

5.5.1.1 数据压缩对微网无线传感器网络的意义

无线传感器网络是能量有限的网络，网络中的节点依靠自身携带的电池维持正常工作。在部署完成后，为了维持网络的稳定运行，不能够通过大规模更换电池的方式来延长网络的生存时间。因此，在数据传输精度得到保证的前提下，降低节点能耗就成了无线传感器网络工作的重要目标[96]。

而在应用于奶牛体温监测的无线传感器网络中，由于携带体温监测设备的奶牛个体在集中饲养时部署位置变化不大，规模化养殖中往往需要进行大范围通信覆盖。然而，由于单个传感器节点的覆盖范围有限，在部署无线传感器网络的时候会在一定程度上增加传感器节点的密度来保证检测区域内的全覆盖性，这样做无形之中就导致了相邻的传感器节点监测的区域重叠，因此如果直接把感知数据通过传感器节点传输给汇聚节点，将会导致汇聚节点收到的数据中有大量的冗余，因此采集到的数据通常也就具有很强的时空冗余性[97, 98]。如果能利用优化方法减少网络中冗余的传输数据包，就可以减少网络能量消耗以及扩大网络部署规模。因此，研究如何降低节点能耗、提升网络能效的重要课题之一就是消除冗余信息，减少节点的数据传输量，从而提升数据传输效率，降低节点通信所带来的能量消耗。

归纳起来，在无线传感器网络中采用数据压缩技术主要能够起到以下几点作用：

(1)节省能量。数据压缩技术就是传感器网络节点在发送数据之前，对数据进行压缩处理，然后在汇聚节点进行数据恢复，从而减少冗余数据。数据压缩技术可以在满足应用需求的前提下最大限度地减少网络内的传输数据量，进而大幅降低节点因为数据传输所消耗的能量。

（2）减轻拥塞。数据压缩技术的实施可以有效地减少网络需要传输的数据量，因此减轻了网络中的拥塞，提高了数据传输效率。

（3）提升数据精度。传感器节点对数据进行采集和传输时容易受到外界因素的影响，导致数据精度降低。而在数据压缩技术中，传感器节点通过在网内对数据进行压缩处理，传输得到的结果会更加精确。

综上所述，在无线传感器网络中采用数据压缩技术不仅能够降低节点的能耗，同时还可以在一定程度上降低网络通信的时延，降低网络拥塞，保证无线传感器网络的高效、稳定运行[99-101]。

5.5.1.2　数据压缩在无线传感器网络中的应用

对应用于奶牛体温监测系统的无线传感网络来说，由于节点部署密集且采用多跳路由的方式进行数据传输，其路由结构示意如图 5-22 所示。如果每个传感器节点都将采集感知得到的数据直接传输到汇聚节点，网络内各个节点所传输及转发的数据传输量将会非常惊人，对网络的能量需求和节点的能量消耗将会非常巨大，不利于系统的运行和维护。因此，对数据进行压缩以减少存储和通信压力对整个系统来说显得尤为重要。

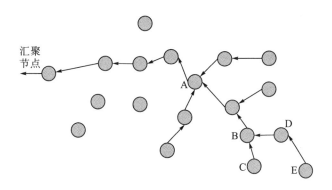

图 5-22　无线传感器网络多跳路由示意图

现在比较流行的无线传感器网络数据压缩方法主要包含了从时间相关性、空间相关性以及二者结合所产生的时空相关性三个方面进行分类[102]。

（1）时间相关性的数据压缩：针对时间相关性的数据压缩是指数据在一段时间内的变化趋势蕴含着规律性，即可以通过某一个时刻获得的数据来还原邻近时间段内的数据。针对时间相关性的数据压缩算法大多用于单节点的传感器网络，通过对该节点连续采样获得的数据进行压缩，依照不同的应用领域采用不同的压缩方案，从而消除相邻时刻节点内采样数据的冗余性，实现对传感器网络采样数据的压缩。

(2)空间相关性的数据压缩：针对空间相关性的数据压缩算法大多用于高密度节点分布的传感器网络。虽然这种高密度的节点分布策略保证了覆盖区域内的连通性以及稳定性，但是也会导致相邻节点之间的信息获取由于相似性过高而产生很大的冗余，也就是空间冗余性。这种方法会将无线传感器网络中的节点分成多个簇，并对其进行数据压缩。

(3)时空相关性的数据压缩：针对时空相关性的数据压缩方法就是把前面两种方法综合起来进行考量，一般应用于设置了簇首节点或是汇聚节点的无线传感器网络体系。在此类无线传感器网络中，各节点会定时地将采集到的数据传输到簇首节点或是汇聚节点。从时间的角度来看，簇首节点收集其他节点传来的数据有着不同的先后顺序，因此收集到的数据具有时间相关性；而从空间的角度来看，簇首节点收集到的都是相邻节点所发送的数据，因此收集的数据也有着空间相关性，因此这类无线传感器网络中的数据传输过程中不仅存在着时间冗余，同时也会存在空间冗余。

时间相关性和空间相关性的数据压缩都只是从单方面消除了相关的数据冗余，因此获得的效果有限。相比之下，基于时空相关性的数据压缩从时间和空间两方面对数据的冗余性进行消除，能够取得更好的效果。

压缩感知理论的提出为数据压缩技术提供了一个新的研究方向。在无线传感器网络中，节点采集数据可以被看作是压缩感知中的原始信号，信息传输路径则可以看作是压缩感知中的观测向量，而最终汇聚节点得到的数据可以看作是观测值。因此，在无线传感器网络中采用压缩感知技术，不仅能对数据进行有效压缩，还能对传输路径进行优化。

5.5.2　压缩感知技术

5.5.2.1　压缩感知技术的研究背景

压缩感知技术是近年来研究出的应用于信号处理领域应对数据灾难的新兴工具。压缩感知又称为压缩采样理论，是由 Candes、J. Romberg、T. Tao、Donoho 等科学家于 2004 年提出的一种新的数据采样及压缩方法，它是一种建立在优化理论、矩阵分析、泛函分析等学科基础上的新的信号处理框架[103]。由于传统的信号处理过程主要包括了采样、调制、传输和解调制 4 个步骤，因此在采样过程中，接收方要想重建信号，采样频率必须达到采样信号最高频率的两倍，这就是所谓的香农采样定理[104]。如果在大范围分布的无线传感器网络中，所有节点都采用传统的采样方式，将会导致节点数据采集任务繁重，能量消耗巨大。因此，无线传感器网络要想在电力系统中广泛应用，就必须攻克传统的数据处理模式的瓶颈。

压缩感知理论的提出为数据压缩问题提供了新的参考方向。压缩感知技术通过稀疏矩阵对原始信号进行稀疏，从而降低信号的维度，使其能够在远小于原始信号奈奎斯特采样率的条件下，采集到信号的离散样本，以达到压缩数据的目的，然后在接收时通过信号重构算法重建信号，精确地恢复原始信号。压缩传感理论突破了传统香农定理的局限性，通过改变数据采集模式，改善了整个网络的通信容量、延时、网络生存寿命等问题[105, 106]。压缩感知和传统采样的信号处理过程如图 5-23 所示。

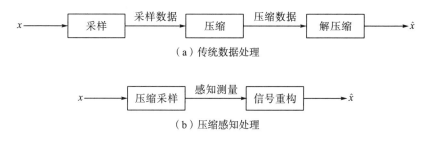

（a）传统数据处理

（b）压缩感知处理

图 5-23　传统采样过程和压缩感知采样过程对比

通过对比分析传统的信号采样方式和压缩感知采样方式，可以看出传统信号采样过程是信号先采样，再利用一些变换手段(如傅里叶变换)计算出信号的稀疏性并进行数据压缩，最后再进行解压缩；而压缩感知采样过程是在采样的同时就通过信号稀疏的方式对原始信号进行压缩，最后再利用信号重构算法实现原始信号的重构，即解压缩。

目前国内外学者针对无线传感器网络中的压缩感知算法已经进行了卓有成效的研究：Malioutov 采用了稀疏变换理论研究节点数据的采集问题，这种方法虽然能有效保证数据的压缩率和还原精度，但是算法复杂度太高，无形之中增加了节点处理器的能耗，且会产生较大的通信延迟[107]；也有研究者假设探测目标为原始信号，则可能的位置数目即为原始信号向量的长度，探测目标的实际位置数目与可能的位置数目相比来说是少数的，这就构成了原始信号的稀疏表示模型。观测矩阵的行数为用于负责探测的传感器节点的个数[108]。然而这种方法只适用于节点数目较少的无线传感器网络，无法满足大规模通信的需求；Chun Tung Chou 等提出了基于能量的自适应压缩感知算法来获取节点信息，并利用自适应压缩感知算法选择一条路径，使得重构信号的微分熵最小[106]，这样系统就能够以相对较少的观测向量组合完成对原始数据的精确重构。然而这种算法在选择路径时只考虑了数据重构的性能，而没有考虑网络中节点的剩余能量，从而有可能会出现选择的优化传输路径在传输过程中由于某个节点能量耗尽而停止工作的情况，使得整个网络结构受到破坏，这也同样不符合在奶牛体温监测系统的无线传感器网络实际应用中延长网络生存时间的需要。

5.5.2.2   压缩感知技术的数学模型

压缩感知技术可以抽象为如下的数学模型：

对于信号 x，假设 N 维矢量 $x \in R^N$，其分量为 x_i，$i \in \{1, 2, \cdots, N\}$，$R^N$ 空间中的任意向量都可以用 N 个规范正交基向量的线性组合表示。存在正交基 y_i，$i \in \{1, 2, \cdots, N\}$，将 x 在该正交基下展开，可得变换系数：

$$\theta_i = \langle x, y_i \rangle = y_i^\mathrm{T} x \tag{5-16}$$

若上式中非零项的系数个数为 K，则称 θ_i 是 K 稀疏的，则可用与上述正交基 y_i 不相关的观测矩阵 Φ：$M \times N$ $(M < N)$ 实现对信号 x 的压缩观测：

$$y = \Phi x \tag{5-17}$$

在上式中，y 是信号 x 稀疏化之后得到的线性投影，当接收方接收到这些少量的投影时，将对信号进行重构。在上式中，由于 y 的数量小于 x，因此方程为病态的，因此若要求解 x，需将式 (5-16) 带入式 (5-17) 中，从而可以得到

$$y = \Phi Y \theta \tag{5-18}$$

式中，$Y = [y_1, y_2, \cdots, y_N]^\mathrm{T}$ 为基向量 $y_1, y_2, \cdots, y_N$ 组成的基矩阵，由于 θ 是信号 x 的稀疏表示，其非零系数的个数远远小于原始信号 x 的非零系数的个数，未知数个数大大减少，这使得公式 (5-18) 的解可能存在。若公式 (5-18) 能求出 θ，则通过公式 (5-16) 即可重构原始信号 x。式 (5-18) 的图形化过程如图 5-24 所示。

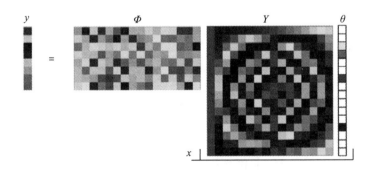

图 5-24   压缩感知的图形化测量过程

其中，Φ 的阶数为 $M \times N$，Y 的阶数为 $N \times N$，θ 的阶数为 $N \times 1$，通过计算得到的线性投影 y 的阶数为 $M \times 1$，表示信号由最初的 N 阶变成了 M 阶，由于已经定

义了 $M<N$，因此原始信号就得到了压缩。

以上压缩感知数据模型直观流程如图 5-25 所示。

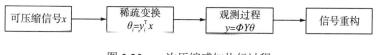

图 5-25　一次压缩感知执行过程

整个压缩感知过程就是不断重复上面的执行过程，直至目标数目达到设置的处理要求。通过上面的数学模型可以看出，压缩感知采样理论主要包含以下三个方面的内容[108]。

(1)信号稀疏。压缩感知理论提出的前提条件就是信号是可稀疏的。相关研究已经证明，大部分信号都是可压缩的，即可以通过寻找到合适的稀疏域与转换基，使其在该域可以用很少的非零系数表示出来。因此，大部分信号都是可压缩的。正常信号大部分都不是自然稀疏的，但是将信号做正交基变换时，得到的变换系数值都很小或者为零，那么该系数就是稀疏或近似稀疏的，该信号也就具备可稀疏性。

(2)观测过程。观测的过程就是将高维的稀疏向量映射到低纬的向量空间中的映射过程。压缩感知的观测过程可以转换为一个欠定方程，这是因为测量结果数远小于原始信号的维数。观测矩阵不仅能够压缩数据，还能够最大限度地保留信号的原始结构和特征，对解调时的信号重构提供有利的帮助。

(3)重构算法。在压缩感知理论中，信号重构算法是考虑如何将对稀疏信号进行的随机测量转化为优化问题或迭代问题，从而对原始信号进行求解。压缩感知技术之所以能够突破奈奎斯特采样定律的限制，就是因为可以通过重构算法对信号进行还原，可以说重构算法是直接影响重构信号精度的关键所在，不同的重构算法通过相同的观测矩阵所重构的信号不仅精度有所不同，算法的计算复杂度、观测次数等参数也会有所不同。

在传统的压缩感知重构算法中，观测矩阵生成以后，不会随着重构算法的迭代过程而发生变化，这会导致观测向量的冗余或不足。

5.5.3　自适应压缩感知算法介绍

5.5.3.1　系统模型

为了更直观地说明压缩感知算法在无线传感器网络中的执行过程，对系统模型做如下假设：无线传感器网络的观测区域为 $\sqrt{M}\times\sqrt{M}$ 的正方形区域，整个区域可被等分成 M 块单位面积的子区域。如果将每个传感器节点的位置用其所属的子区域来表示，那么一个 $\sqrt{M} \times \sqrt{M}$ 的方阵 X 就可以用来表示整个网络的节点，该方阵中的第 i 行、第 j 列元素 x_{ij} 表示在这个子区域上的传感器节点所储存的信息。假设该观测区域中存在着 K 个需要进行数据采集的微网数据点，即监控区域内存在着 K 个待探测的信号源。所以，K 个信号源也用一个 $\sqrt{M} \times \sqrt{M}$ 的方阵 Y 来表示。当汇聚节点对某一个信号源进行探测时，得到的信息是所选择路径上的所有信号源信息的叠加。令第 i 个信号源的信号强度为 s_i，则如果子区域 (i, j) 上存在信号源，方阵 Y 中的对应元素 y_{ij} 的值为 s_i，否则为 0。为了方便说明，将矩阵元素全部按行向量的形式排列，于是有

$$\mathrm{vec}(X) = \left[x_{11}, x_{12}, \cdots, x_{\sqrt{M}1}, \cdots, x_{1\sqrt{M}}, \cdots, x_{\sqrt{M}\sqrt{M}}\right]^{\mathrm{T}} \tag{5-19}$$

$$\mathrm{vec}(Y) = \left[y_{11}, y_{12}, \cdots, y_{\sqrt{M}1}, \cdots, y_{1\sqrt{M}}, \cdots, y_{\sqrt{M}\sqrt{M}}\right]^{\mathrm{T}} \tag{5-20}$$

根据模型的定义，可知在向量 $\mathrm{vec}(Y)$ 中，非零项的个数远小于它的维数，因此在本模型中，向量 $\mathrm{vec}(Y)$ 就被看作是原始信号 $\mathrm{vec}(X)$ 的稀疏表示，将其代入公式 (5-16)，可以得到

$$\mathrm{vec}(X) = Y\mathrm{vec}(Y) \tag{5-21}$$

压缩感知算法的重要特点是利用观测向量来进行原始信息的收集以获得观测值，然后利用观测值进行原始信号的重构。假设模型中的观测矩阵为 $\varPhi = [\phi_1, \phi_2, \cdots, \phi_k]^{\mathrm{T}}$，其中 $\phi_1, \phi_2, \cdots, \phi_k$ 均为 k 维列向量且 $k = \sqrt{M}$，根据式 (5-16)，则其观测值为原始信号和观测向量的内积：

$$y = \varPhi \cdot \mathrm{vec}(X) = \varPhi Y\mathrm{vec}(Y) \tag{5-22}$$

式中，观测矩阵 $\varPhi$ 与路径相对应，不在路径上的节点所对应的观测向量的元素值为 0，路径上节点对应的观测向量的元素值为一权值 ϕ_{ij}。于是所有路径的权值就组成了算法的观测矩阵 $\varPhi$，下面通过一个简单的例子对观测向量中的元素进行说明。参考如图 5-26 所示的无线传感器网络模型。

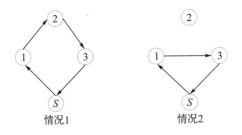

情况1   情况2

图 5-26   观测向量权值示意图

在图 5-26 所示的模型中，节点 S 是无线传感器网络中的汇聚节点，节点 1、2、3 是传感器节点，假设节点的原始信号为 $[a, b, c]^{\mathrm{T}}$。在第一种情况中，汇聚

节点通过 S、1、2、3、S 的路径来对信息进行采集，设此时观测向量为路径的权值$[2, 3, 4]^{\mathrm{T}}$，则根据式 (5-19)，此时的观测值为 $xy = 2a + 3b + 4c$；如果是第二种情况，由于节点 2 不在传输路径中，此时节点 2 的值就变为 0，那么观测向量就应该变为$[2, 0, 4]^{\mathrm{T}}$，则此时的观测值为 $xy = 2a + 4c$。不同的路径所对应的不同的观测向量就构成了观测矩阵，于是式 (5-22) 就可以改写成[109]

$$\begin{pmatrix} y_1 \\ y_2 \\ \cdots \\ y_k \end{pmatrix} = \Phi \mathrm{vec}(X) = \begin{pmatrix} \phi_{11} & \phi_{12} & \cdots & \phi_{1\sqrt{M}} \\ \phi_{21} & \phi_{22} & \cdots & \phi_{2\sqrt{M}} \\ \cdots & \cdots & \cdots & \cdots \\ \phi_{k1} & \phi_{k2} & \cdots & \phi_{k\sqrt{M}} \end{pmatrix} \begin{pmatrix} x_1 \\ x_2 \\ \cdots \\ x_{\sqrt{M}} \end{pmatrix} \tag{5-23}$$

在感知网络模型确定之后，下一步的工作就是研究如何将压缩感知模型应用于奶牛体温监测系统中的无线传感器网络。由前面的内容可知，压缩感知算法应用于无线传感器网络的关键点在于利用无线传感器网络对压缩感知算法的观测矩阵进行构建。由于奶牛体温监测系统中传感器节点设备分布分散，且无线传感器网络中的节点通信采用多跳路由的方式，因此汇聚节点能够通过不同的路径来收集监测节点传输的信息，不同路径所对应的不同观测向量组成了整个无线传感器网络的观测矩阵。在多跳路由中，由于节点的数据传输可能存在着不同的路径，就意味着选择不同的路径带来的节点能耗、路径中的节点数目等参数都会发生改变。

5.5.3.2　自适应压缩感知算法

由于传统的压缩感知算法的观测矩阵是固定的，系统无法根据实际情况来选择需要的观测向量，这就缺乏灵活性，容易造成观测向量的冗余或不足，同时也容易造成固定路径中节点能量消耗过快，影响整个无线传感器网络的存在时间，进而影响应用系统的控制和反馈的稳定性。因此，有学者针对这个问题做出了改进，提出了自适应压缩感知算法，引入了熵的概念[106]。自适应压缩感知算法通过计算原始信号的熵来选择算法所使用的观测向量，使得观测矩阵的选取更加灵活、高效，大大提升了观测性能。原始信号的熵可用下式计算：

$$h_{(k)}(f) = -\frac{1}{2}\log(A + \partial_0 \Phi^{\mathrm{T}} \Phi) \tag{5-24}$$

在式 (5-24) 中，$A = \mathrm{diag}(1/r_1, 1/r_2, \cdots, 1/r_N)$，$1/r_i$ 为第 i 个稀疏系数的高斯分布方差值；Φ 为观测矩阵；∂_0 是噪声。那么当观测矩阵中加入新的观测向量后，新的熵值就可以表示为

$$h_{(k+1)}(f) = h_k(f) - \frac{1}{2}\log(1 + \omega_0 y_{(k+1)}^{\mathrm{T}} M y_{(k+1)}) \tag{5-25}$$

式中，假设当前状态有 k 个观测向量，$h_k(f)$ 和 M 分别为当前的原始信号熵及自

相关矩阵；$y_{(k+1)}$ 为新选择的观测向量；ω_0 为噪声干扰；$h_{(k+1)}(f)$ 为添加了 $y_{(k+1)}$ 之后的新的熵值。根据使 $h_{(k+1)}(f)$ 的值最小的标准选择合适的观测向量 $y_{(k+1)}$，此时 $q = y_{(k+1)}^{\mathrm{T}} M y_{(k+1)}$ 最大，这就使得系统能够以较小的观测向量数目进行精确重构。

将该算法应用于无线传感器网络中，具体的算法过程可以用图 5-27 来表示。

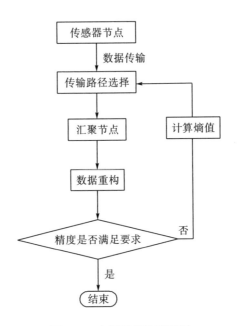

图 5-27   自适应算法流程图

该自适应算法由以下几个阶段构成：

(1)将无线传感器网络中传感器节点接收到的数据通过随机选择路径传递给汇聚节点。

(2)汇聚节点利用所接收到的信息以及传输过程中记录的传输路径等参数开始对原始信号进行重构。

(3)对重构后得到的信息精度进行判断，如果数据精度满足系统要求，则自适应感知算法结束，如果数据精度不满足系统要求，则进行下面的步骤。

(4)通过公式(5-25)计算原始信号的信息熵来重新选择算法所使用的观测向量，并根据新选择的观测向量得到新的传输路径。

(5)通过新的路径重新进行数据重构，返回步骤(2)。

该算法在传统压缩感知算法的基础上进行了改进，通过计算原始信号的信息熵来作为观测向量的选择依据，这样做的好处是提升了观测向量的灵活性，降低了数据的冗余，能够提升数据量庞大的通信网络的数据传输效率。不过，该算法在计算信息熵值时只考虑了使算法的不确定性降至最低，达到最快的收敛速度的

效用，却没有考虑节点的剩余能量因素。考虑到其应用于奶牛体温监测系统的无
线传感器网络中时，在遇到需要经常探测的情况时，会造成某些节点长期处于最
优化观测向量中因过多参与数据传输而过快耗尽能量进而停止工作的情况出现，
这对整个无线传感器网络的稳定运行产生了消极影响，与应用系统通信网络传输
稳定性的需求不相符合，不利了系统的稳定运行。

5.5.4　针对自适应压缩感知算法的改进

　　自适应压缩感知算法实现的核心在于(4)，即观测向量的重新选择。自适应压
缩感知算法对于新观测向量的选择标准是能够使得原始信号的熵最小，该标准能
够有效地提升原始信号的重构精度和性能，并且还能降低信号的重复度和冗余度，
较传统压缩感知算法有了长足进步。然而自适应感知算法采用的这个选择标准并
不适用于微网无线传感器网络，在微网中，无线传感器网络节点的位置一般都是
固定的，如果不考虑单个节点的能耗，可能会出现某个节点过度参与信息传输的
情况出现。而自适应压缩感知算法只是单纯考虑原始信号的熵值，并没有考虑
单个节点的能耗，这样选出的观测向量虽然在表现性上达到预期要求，但有可
能导致个别节点的能量快速耗尽，降低网络生存时间，影响无线传感器网络的
稳定运行。

　　针对这个问题，对上述算法的(4)做出了一定的改动，将节点能耗也纳入
选择新的观测向量的一个考虑因素。改进后的算法中，观测向量判别标准除了
式(5-25)，还应参考下式：

$$\hat{q} = \frac{y_{(k+1)}^{\mathrm{T}} M y_{(k+1)}}{E(y_{(k+1)})} \times \varepsilon_{\min}(y_{(k+1)})^{\alpha} \tag{5-26}$$

式中，$E(y_{(k+1)})$ 为新选择的观测向量 $y_{(k+1)}$ 所对应的路径信息传输能耗，传输路径
所包含的节点数目越多，能耗越大；$\varepsilon_{\min}(y_{(k+1)})^{\alpha}$ 为传输路径上所包含的传感器节
点中绝对值最小的节点的剩余能量值；α 为权值，代表了剩余能量值在观测向量
选择过程中所占的比重，α 值越大，剩余能量在观测向量选择中所占的比重就越
大，熵值在观测向量选择中所占的比重就相对越小。于是传统的自适应压缩感知
算法的(4)就变为了如下几个阶段：

(1) 设定一个节点剩余能量门限值 E。

(2) 将 E 与自适应压缩感知算法所选择的传输路径中的 $\varepsilon_{\min}(y_k)$ 进行比较。

(3) 若 $E \leqslant \varepsilon_{\min}(y_k)$，则 $q = y_{(k+1)}^{\mathrm{T}} M y_{(k+1)}$，依然选用公式(5-25)选择观测向量。

(4) 若 $E > \varepsilon_{\min}(y_k)$，则 $q = \dfrac{y_{(k+1)}^{\mathrm{T}} M y_{(k+1)}}{E(y_{(k+1)})} \times \varepsilon_{\min}(y_{(k+1)})^{\alpha}$，此时公式(5-25)变为

$$h_{(k+1)}(f) = h_k(f) - \frac{1}{2}\log\left(1 + \omega_0 \frac{y_{(k+1)}^{\mathrm{T}} M y_{(k+1)}}{E(y_{(k+1)})} \times \varepsilon_{\min}(y_{(k+1)})^{\alpha}\right) \qquad (5\text{-}27)$$

此时，算法将通过公式(5-27)对观测向量进行选择。

以上过程流程如图 5-28 所示。

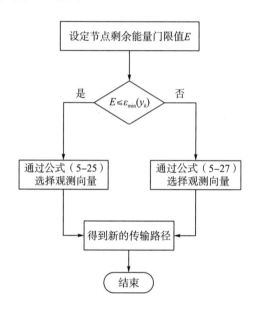

图 5-28　改进后算法(4)流程图

在改进后的算法中，新观测向量的选择有单纯地计算唯一解变为了通过最优化理论来寻求最优解，当无线传感器网络中的某个节点由于过度参与信息传输而能耗降低并与其他节点能耗不均衡时，即使通过公式(5-25)得出的该路径的熵值最小，算法也会放弃选择这条路径，保持节点的剩余能量值，延长整个网络的生存时间。

5.5.5　改进的压缩感知算法仿真

为分析改进的压缩感知算法的能效性，设计仿真实验对传统的自适应压缩感知算法和改进后的压缩感知算法进行仿真测试，分别从数据重构精度、网络生存时间和观测向量数目三个方面对两种算法的表现性能进行对比，从而验证算法的能效性。

为了更清晰地展示改进后的算法性能，仿真中，将采用密集部署节点的方式来增加传输信息量、丰富观测向量的可选择策略，为算法在更大规模的无线传感器网络中的应用提供理论参考。

仿真全部采集设备均分布在 10m×10m 的正方形区域中,并且该区域即为无线传感器网络的监测区域,从增加数据量和观测向量可选择性的角度考虑,设置该区域中均匀分布 100 个无线传感器网络节点,用以对采集模块接收到的数据进行多跳传输。设置仿真的无线传感器网络系统中共有 15 个温度采集模块,对温度数据进行采集,并将采集到的数据经过无线传感器网络节点以多跳路由的方式通过部署在监测区域内的邻近节点传输到汇聚节点。节点采用电池进行供电,设定节点剩余能量门限值为 20%,区域内的信号收发强度均为 1 且系统受均值为零、均方差为 0.002 的高斯白噪声干扰,采用贝叶斯重构算法对信号进行重构。

在初始时刻,该无线传感器网络中每个传感器节点都建立了自己的邻居节点列表,同时已知自己以及邻居节点距离汇聚节点的跳数。为了更直观地突出改进算法在能耗方面的表现,仿真中设定当有传感器节点的能量小于或等于零时,就认为无线传感器网络已经遭到破坏,仿真过程立即停止。

经过仿真实验,分别从数据压缩率、观测向量数目、数据重构精度和网络生存时间等几个方面对自适应压缩算法改进前后的表现性能进行对比,从而验证改进后的算法是否在能效性方面有所提升。

1)数据压缩率分析

数据压缩率是数据压缩效果的直观体现,其定义是压缩后数据量与压缩前数据量的比值。数据压缩后观测值向量的维度和观测向量的维度相等,因此,从理论上来说,压缩感知算法所选择的观测向量数越多,数据压缩率越高。

算法仿真实验中数据压缩率与观测向量数目的关系如图 5-29 所示。由图中所示的数据压缩率变化曲线可以看出,随着观测向量数目的增加,算法的数据压缩率呈缓慢上升的趋势。这是由观测向量的维数上升导致的,与前面的理论描述相符。总体来讲,算法的平均数据压缩率约为 70%,这就意味着算法平均压缩了约 30%的冗余数据量,极大地减轻了节点数据的传输压力,降低了节点能耗。

2)观测向量数目分析

对自适应压缩感知算法改进前后所选择的观测向量数目进行分析,其两者观测相量数目对比如图 5-30 所示。图中的实线代表传统的自适应压缩感知算法,虚线代表改进后的算法。横坐标代表了从 0.1~1 进行步进式增加的权值 α,纵坐标表示的是观测向量数目。可以看出,考虑节点能耗的改进算法中随着权值的增加,算法的观测向量数目也在不断增加,而自适应压缩感知算法由于没有考虑节点剩余能量,因而观测向量的数目不会随着权值的改变而改变。总体来说,随着权值的增大,改进的压缩感知算法需要的平均观测向量数目相较于传统的自适应压缩感知算法有所增加,因此在收敛速度上也会有所不如。不过,当权值达到 1 时,改进算法的观测向量数目也将不再增加。因此,算法也将达到收敛状态,具有良好的收敛性。

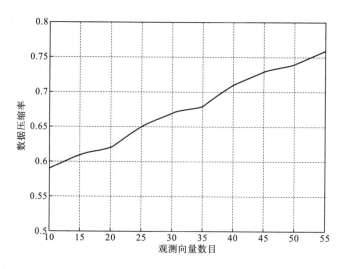

图 5-29　数据压缩率与观测向量数目的关系

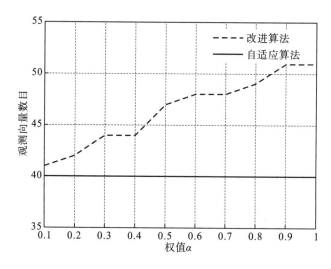

图 5-30　自适应压缩感知算法改进前后所选择的观测向量数目对比

3）数据重构精度分析

重构数据精度是衡量算法性能的重要指标之一。理论上讲，由于受到噪声和重构算法误差等因素的干扰，在采用相同的数据重构方式的前提下，观测向量数目越少，压缩比例越高，则重构时受到的影响越大。

图 5-31 展示了自适应压缩感知算法改进前后的数据精度对比，其中实线代表传统的自适应压缩感知算法，虚线代表改进后的算法。图中横坐标代表了权值 α，从 0.1～1 进行步进式增加，纵坐标代表了重构数据的精度。可以看出，随着权值

的增加，改进后的算法观测向量数目增加，观测向量数目也随之增加，意味着稀疏化投影的阶数也随之增大，重构向量的精度自然也就呈缓慢上升的趋势；而自适应压缩感知算法的观测向量的数目不会随着权值的改变而改变，因此权值的增加对重构向量的精度没有影响，改进后算法的平均数据重构精度相比于原算法提升了 5%。

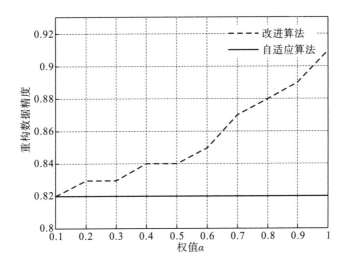

图 5-31　自适应压缩感知算法改进前后的重构数据精度对比

4) 网络生存时间分析

在微网中，由于节点能量有限，且部分情况下节点能量更新困难，因此，尽可能延长无线传感器网络的生存时间，对于提升无线传感器网络的工作能效、维持通信网络的稳定运行、降低维护成本来说至关重要。

图 5-32 展示了自适应压缩感知算法改进前后的网络生存时间对比，图中实线代表传统的自适应压缩感知算法，虚线代表改进后的算法。图中横坐标代表了权值 α，从 0.1～1 进行步进式增加，纵坐标表示的是网络生存时间。网络生存时间是从仿真开始算起，一直到无线传感器网络中出现传感器节点的剩余能量值为零并停止仿真所经历的时间。由前面的分析可以得出，权值为 0 时，算法生存时间与自适应压缩感知算法相同，而随着权值的增大，节点剩余能量值所起的作用越来越大，网络生存时间也越来越长，传统的自适应压缩感知算法由于没有考虑单个节点的能耗因素，因而网络生存时间不会随着权值的改变而改变，而改进后的算法由于考虑到节点能量的负载均衡，因而网络生存时间较之传统算法有明显的提升。总体来说，在延长网络生存时间方面，改进后的负载均衡优于传统的自适应压缩感知算法，将平均网络生存时间提升了 20%。

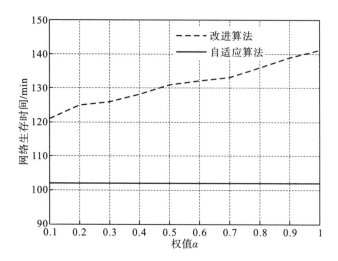

图 5-32　自适应压缩感知算法改进前后的网络生存时间对比

　　综上所述，本书提出的改进的自适应压缩算法能够有效地对数据进行压缩，平均消除约 30%的冗余数据，能够有效缓解节点的传输压力，同时，相较于自适应压缩感知算法，虽然在观测向量选择性方面有所不如，但是在重构数据的精度方面却有了 5%的提升；同时，改进后的算法使网络平均生存时间延长了 20%。改进后的算法相较于改进之前能效比提升了 24%，为无线传感器网络长时间稳定运行做出了重要贡献。仿真结果表明，改进后的算法更能满足系统应用中无线传感器网络追求稳定、低能耗的通信需求，提升了监测系统的稳定性。

第6章 监控中心软件设计

6.1 监控中心软件功能结构

监控中心应用程序运行于远离奶牛饲喂现场的监控中心计算机上，主要任务是接收来自 GPRS 网络的奶牛采食数据和奶牛体温数据，并向奶牛给料称重主控制器发送控制命令。数据远程通信依靠 GPRS 数据终端模块实现，其数据发送的目标应为确定 IP 的主机，因此监控中心应用程序必须在连入 Internet 网络具有固定 IP 地址的计算机上运行。监控中心计算机应用程序与 GPRS 数据终端、奶牛精量饲喂系统的给料称重主控制器、奶牛体温监测系统的中心节点和数据采集终端形成了 C/S 结构的监控系统。本书采用了 Microsoft 公司的 Visual Basic.Net 与 SQL server 作为程序开发工具和数据库服务器。Visual Basic.Net 是 Microsoft 公司发布的面向对象应用程序设计的集成编译环境，可以调用全部 Windows API 函数，使用方便且功能强大。SQL Server 也是 Microsoft 公司开发的数据库服务器软件，因其强大的数据管理能力和良好的数据安全性得到了广泛的应用。Visual Basic.Net 与 SQL Server 具有良好的兼容性，非常适合 Windows 环境下的程序开发。

监控中心软件有网络通信模块、数据处理模块、饲喂量决策模块等几个主要功能模块。网络通信模块的主要功能是完成应用程序与 GPRS 数据终端的网络通信，接收来自 GPRS 数据终端发送的各项上传数据，并向 GPRS 数据终端发送控制指令，由其转发至给料称重主控制器。数据处理模块对监控中心计算机上的系统数据进行管理，主要有数据更新、数据查询、数据曲线绘制、报表打印等功能。饲喂量决策模块通过运算制订针对奶牛个体的饲喂策略，给出奶牛精饲料的合理饲喂量。监控中心系统软件数据流程与功能结构如图 6-1 及图 6-2 所示。

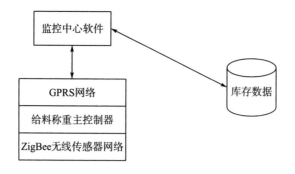

图 6-1   监控系统软件数据流程图

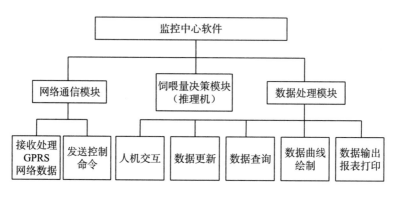

图 6-2   监控中心软件功能结构

6.2   网络通信模块设计

网络通信模块主要完成与 GPRS 数据终端的数据通信工作。GPRS 数据终端发送的数据经过 GPRS 网络和 Internet 网络传送给监控中心计算机，由监控中心计算机发出的控制命令按此路径反向传输。监控中心应用程序使用 Socket（套接字）技术实现应用程序与 Internet 网络的通信过程。

6.2.1   Socket 程序设计技术分析

Socket 是 TCP/IP 网络的 API（应用程序接口），最先应用于 Unix 操作系统中。WinSockets 是 Windows 下得到广泛应用的、开放的、支持多种协议的网络编程接口，它保留了 Berkeley Socket（应用于 Unix）的全部内容，并针对 Win32 消息机制和多线程的环境应用进行了扩充。经过不断完善并在 Intel、Microsoft、Sun、SGI、Informix、Novell 等公司的大力支持下，已成为 Windows 网络编程的标准[110]。

Socket 可以看成是网络通信过程中的端点，在程序中以句柄的形式被创建，包含了连接协议、本地主机的 IP 地址、通信进程端口、远端主机的 IP 地址及远端进程议端 5 个参数信息。Socket 应用过程可以分为创建、完成配置、等待或请求连接、建立连接、接收或发送数据、关闭等几个阶段。Socket 利用其函数 Socket（）、Bind（）、Listen（）、Connect（）、Accept（）、Send（）、Sendto（）、Recv（）、Recvfrom（）、Closesocket（）来完成上述各过程的工作。其中，TCP 传输中采用 Recv（）和 Send（）来收发数据，UDP 传输中使用 Recv（）和 Sendto（）来收发数据。基于 C/S 结构的 Socket 流程如图 6-3 所示[111]。

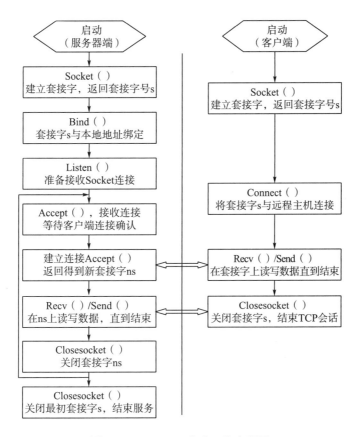

图 6-3　Socket C/S 方式工作流程图

在 WinSockets 应用中，Socket 通信有查询和事件驱动两种方式。本书采用效率较高的事件驱动方式来实现网络通信。应用程序为 Socket 通信对象创建独立的线程，当发生通信事件时驱动相关函数进行处理。

6.2.2　网络通信模块程序流程

在监控中心计算机软件中，GPRS 数据终端向监控中心计算机发送信息时，程序通过 WinSocket 接口接收数据，进行数据处理和记录，同时把获得的包含GPRS 数据终端的 IP 地址等信息存储到数据库中。当程序要向给料称重主控制器发送指令时，调取数据库中的 GPRS 数据终端 IP 地址，以这个 IP 地址为目标发送指令数据。主控制器收到指令后回发确认信息，若程序在规定时间内没有收到确认信息，则认为通信中断，等待 GPRS 数据终端的下一次数据发送，并根据新收到数据中的信息更新数据库中的 IP 地址，重新发送指令。由于 GPRS数据终端每次登录网络时使用动态分配的 IP 地址，所以在工作中通过使用"心跳"数据包的方式定时发送包含 IP 地址信息的数据帧，以保持在线状态和当前IP 地址。

为实现系统的网络通信，在程序中利用 WinSocket 的 API 函数——Socket( )创建应用 Scoket 对象。编程代码为：Socket1 = Socket(PF_LOCAL，SOCK_ STREAM，0)，表示创建应用 TCP 协议地址为 PF_LOCAL 的流类型Socket 对象 Socket1。在创建完 Socket 对象后，利用函数 Bind(Socket1，LongAddrIP，0)来设置 Socket1 所使用的本地端 IP 地址及通信端口，其中LongAddrIP 是监控中心计算机 IP 的长地址，最后一位参数 0 表示系统自动分配的端口。对设置完成的 Socket 进行侦听，当出现 GPRS 数据终端的连接请求时，利用函数 Accept( )来接受请求，与其建立连接。连接建立后，程序用 Recv( )函数接收 GPRS 数据终端发送的数据，将接收缓冲区收到的数据临时存放到字符数组中，经校验、分析处理后存入数据库并进行更新程序显示界面等相关操作，完成对接收到数据的响应。接收的数据是关于 GPRS 名称、奶牛编号、采食量、奶牛温度、时间等的信息。在发送命令时，为实现数据下传编程，利用函数 Send(GPRS1，SendBuff，SendDataLen，( ))向命名为 GPRS1 的 GPRS终端发送缓冲区 SendBuff 中长度为 SendDataLen 的数据。系统下传数据内容包括饲喂量和回传数据命令等。为保证应用程序对通信数据的正常处理，软件设计时使用多线程技术创建一个独立线程，专门用于侦听与 GPRS 数据终端通信的 Socket 对象，这个进程的生命周期与整个应用程序一致。侦听进程编译为Windows 系统的动态链接库文件，在监控中心应用程序开始运行创建连接后启动，进行 Socket 网络通信侦听，直到整个程序退出运行。监控中心软件网络通信模块的程序流程如图 6-4 所示。

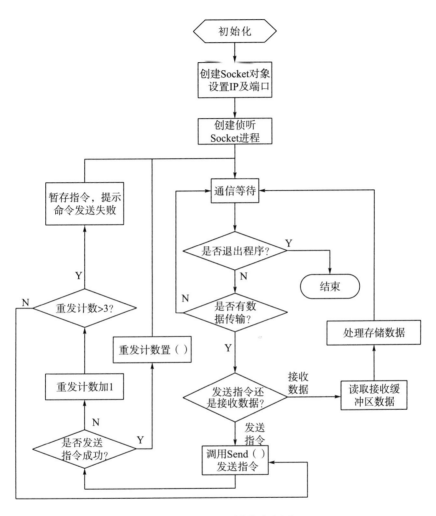

图 6-4　网络通信模块流程图

6.3　数据处理模块设计

　　数据处理模块提供应用程序对本地数据库的访问，对本地数据库进行管理，其设计核心是数据库编程。奶牛精量饲喂系统中所有上报到监控中心的数据，都经过数据处理模块存入数据库。此外，数据处理模块还要对监控中心计算机的系统数据进行维护。

6.3.1 应用程序对数据库的访问

数据库的访问是数据处理功能模块运行的前提和基础。在传统的 C/S 应用程序中，通过组件建立与数据库的连接，并在应用程序运行过程中保持连接打开状态。一般数据库只能支持少量的并发连接，组件长时间占用与数据库间的连接，既占用系统资源又会影响应用程序对数据库并发事件的处理能力，导致应用程序的总体性能降低。考虑到未来发展中可能出现的对系统数据库多用户并发访问的需求，在监控中心计算机监控软件编程设计时，对数据库的访问采用了数据库与类分离的 ADO.NET 技术。

ADO.NET 是一项新的数据库的存取技术，其本质是包含了 XML 和 ADO 对象模型的类树状集合，可以看成一个对数据库的整套设计环境。ADO.NET 对 Microsoft SQL Server 和 XML 等数据源以及通过 OLE DB 和 XML 公开的数据源提供一致的访问，具有良好的数据访问能力。ADO.NET 访问数据库主要包括建立数据库连接和读取或更新数据两个步骤，实现过程主要应用的对象有 Connection、Command、DataReader、DataAdapter、DataSet 等。ADO.NET 对数据库的访问过程如图 6-5 所示。

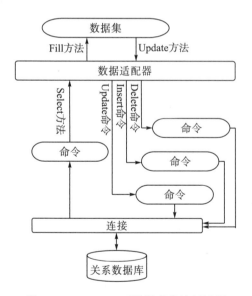

图 6-5 ADO.NET 对数据库的访问过程

应用程序使用 ADO.NET 连接到 SQL server 数据源，并检索、处理和更新所包含的数据。ADO.NET 中，通过在连接字符串中提供必要的身份验证信息，使用 Connection 对象连接到特定的数据源。在设计中采用下列代码方式实现对数据库的连接。

```
Dim Connection As String="User ID=sa; +_
      InitialCatalog=DairyCattle; "+_
 "Data Source=MonitorSever "
 Dim MyConnection As New SqlClient.SqlConnection(Connection)
```

上述代码建立了应用程序与 DairyCattle 数据库的标准安全连接，该数据库位于名为 MonitorServer 的监控中心计算机上。数据在内存中以 DataSet 形式驻留，DataSet 提供了独立于数据源的一致关系编程模型。DataSet 表示整个数据集，包含数据表、约束和数据表之间的关系，其中数据表对象为 DataTable。由于 DataSet 独立于数据源，DataSet 既可以包含应用程序本地的数据，也可以包含来自多个数据源的数据，其与现有数据源的交互通过 DataAdapter（数据适配器）来控制。成功连接数据源后，要创建 DataAdapter 并向其传递数据描述信息和连接描述信息。然后使用 Fill 方法将数据填充到数据表对象中。设计中定义了 FillDataTable（ ）函数来实现数据的填充，其主要代码如下：

```
Public Function FillDataTable(ByVal SqlCon AsString)As
DataTable
Dim dt1 As New DataTable
    Try
      Dim SqlAda As New SqlClient.SqlDataAdapter
      (New SqlClient.SqlCommand(SqlCon, MyConnection))
       SqlAda.Fill(dt1)
    End Try
Return dt1
End Function
```

在应用程序运行时，当需要从数据库中读取部分或全部数据时，FillDataTable（ ）函数完成读取，并把其填充到 dt1 临时数据表中。SqlCon 字符串包含了填充数据条件的动态 SQL 语句，根据应用程序用户的选择来确定填充数据来源和字段条件。

6.3.2　数据处理模块的功能及实现

数据处理模块承担对当前数据库内的所有数据库进行数据处理的任务，主要包括数据更新、数据查询、数据曲线绘制、数据输出、报表生成与打印等功能。数据处理模块主要处理的对象有初始数据和系统运行数据。其中初始数据是指奶牛基本信息、用户基本信息、奶牛饲喂策略知识信息等；系统运行信息包括奶牛采食量信息、奶牛体温信息、GPRS 数据终端信息等。这些信息都存放在监控中心计算机的数据库中。监控中心程序中使用的数据库包含系统数据库(DairyCattle)和饲喂量知识数据库(FeedK)。饲喂量知识数据库主要存放由人工方式输入的奶牛在不同生长时期所需的精饲料饲喂量的相关知识,主要包括奶牛各个养殖阶段的精饲料饲喂量、饲喂次数等。在整个系统进行工作时,系统知识库提供用于推理机进行运算的相关知识数据。系统数据库包含奶牛基本信息表(DairyCattleInfo)、采食信息表(FeedInfo)、奶牛体温信息表(DairyCattleTem)、GPRS 数据终端参数表(DTUSet)、用户管理表(User)等数据表。这些数据表在程序运行中,根据需要完成更新存储数据和提供数据服务的功能。数据库实体经过严格的逻辑结构设计,力求信息量精简,减小重复和无效数据。由于系统数据库设计的数据表较多,在此仅以奶牛基本信息表为例,说明数据表的设计结构,其主结构如表 6-1 所示。

表 6-1　奶牛基本信息表主结构

字段名称	数据类型	设置作用
牛号	长整型	主键,电子耳标编号
良种牛编号	长整型	统一编号
体温监测终端编号	长整型	测量体温时区分标志
品种	字符型	记录品种
花色	字符型	花片特征
出生日期	日期型	记录出生时间
出生体重	单精度型	记录出生体重
奶牛类别	字符型	分类
体重	单精度型	体特征
体高	单精度型	体特征
外貌等级	字符型	线性评定结果
初配月龄	单精度型	初配时间
卷栏号	字符型	位置

　　数据更新主要是当有来自网络的上传数据时,在通信模块程序成功接收并进行相应处理后,由数据处理模块将更新的数据存入相关数据库中,同时更新程序,实时监测界面数据。数据更新还包括奶牛基本信息的录入和修改、用户信息的录入和修改等。数据更新功能的实现是通过 ADO.NET 与数据库实现连接来完成的。若用户进行新增数据操作并且经查询确实不存在该数据记录时,调用 InsertCommand 方法将从用户界面获取的符合要求的数据记录的全部信息添加到数据表的末端,利用 DataAdapter 的 Update 方法将新的数据记录添加到数据库中。若为修改某个数据记录的某些信息,则要求用户具有一定的权限。具有修改权限的用户首先查询到需要修改的信息,这时在 DataSet 的 DataTable 中会有该项数据

记录的全部信息，用户更改完相关信息后点击保存时，利用 Msgbox(消息框)提示确认，确认后调用 Update 方法将修改后的数据记录保存到数据库中。用户权限在用户表中用一个字段来表示，系统设置了普通用户、管理员两个权限。管理员具有本软件程序的所有使用功能，而普通用户没有进行用户管理和数据修改的权限。

　　数据查询功能的设计实现是通过编程将用户输入的查询条件生成相关的 SQL语句，并将其传送给 DataAdapter 的 SelectCommand 方法完成的。查询记录生成的临时数据表通过 ListView 控件显示。数据查询可以查询到过去的某个时段内某头奶牛的采食量和体温数据，这个功能主要方便用户了解其关心的特定数据，以供其参考并制订相关决策。数据曲线绘制是将一定时间内的奶牛个体的采食量和体温等信息通过曲线图形的方式显示给用户。这样就可以直观地观察分析在某个时间段内的相关数据变化趋势。程序中应用了 MSChart 控件来生成用户选择数据的变化趋势曲线图。数据曲线功能绘制的奶牛体温数据曲线如图 6-6 所示。为了满足不同条件的报表要求，系统应用 OLE(object linking and embedding)技术对数据记录进行 Excel 对象自动化处理，通过 Excel 对象生成相关记录表格，实现相关数据的 Excel 表格文件输出和报表打印功能[112]。

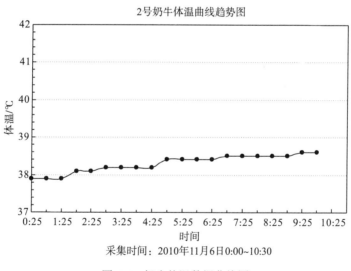

图 6-6　奶牛体温数据曲线图

6.4　饲喂量决策模块设计

　　饲喂量决策模块通过推理运算决定奶牛个体投放的饲料量，因此该模块的实质是一种推理机(inference engine)程序。推理是在已知事实的基础上，通过现有的知识，发现隐含事实或推导出新事实的过程。推理机能够采用一定的规则和策略，实现专家系统推理功能，其工作的基础是知识库。

6.4.1　知识表示方法

知识表示是将知识符号化和形式化的过程，是将现实中某领域的知识转化为推理机程序可以处理的数据结构，从而能够进行推理和做出决策。一般来说，知识表示呈现多样性，即同一种知识可以采用不同的知识表示方法，而相同知识的不同表示方法在解决实际问题时会产生不同的效果。因此，在解决具体问题时，选择合适的知识表示方法是非常重要的。常用的知识表示方法有产生式表示方法、一阶谓词式逻辑表示方法、框架表示方法、语义网络表示方法、面向对象表示方法等[113]。

1）产生式表示方法

产生式表示也称为规则表示，是目前人工智能领域中应用最为普遍的一种知识表示方法。产生式表示法将知识表示成"if……then"的形式，其形式描述及语义为

　　　　＜产生式＞::=＜前提＞→＜结论＞

　　　　＜前提＞::=＜简单条件＞|＜复合条件＞[＜可信度＞]

　　　　＜结论＞::=＜事实＞|＜操作＞[＜可信度＞]

　　　　＜复合条件＞::=＜简单条件＞AND＜简单条件＞[（AND＜简单条件＞）]

　　　　　　　　　　|＜简单条件＞OR＜简单条件＞[(OR＜简单条件＞)]

　　　　＜操作＞::=＜操作名＞[（＜变元＞,…）]

前提、结论和可信度是构成产生式表示方法的要素，前提和结论的可信度一般由专家给出，对于确定知识的前提和结论，其可信度为1。产生式表示方法清晰而有效，符合人的自然思考推理过程，其规则相对独立，有利于对知识的更新。该方法的主要缺点是不能表示结构性知识，而且在多条规则存在时，推理效率较低。

2）一阶谓词式逻辑表示方法

一阶谓词式逻辑表示方法利用逻辑公式来描述对象、性质、状况和关系。采用一阶谓词式逻辑表示方法表示知识时，首先要定义谓词的确切含义，再使用连接词把有关的谓词连接成一个谓词公式，用于表达一个完整的意义。可以根据实际领域的知识将相关谓词连接起来，便可表达具体的完整知识。一阶谓词式逻辑表示方法具有自然性、精确性、模块性等优点，但随着知识库的增大，逻辑推理过程容易发生组合爆炸问题，导致推理无法继续进行。

3）框架表示方法

在框架表示方法中，用"槽"来描述对象某一方面的属性，而槽又由若干个"侧面"组成，侧面用来描述相应属性的一个方面。槽和侧面对应的值分别称为槽值和侧面值。槽和侧面构成了描述对象的框架，其一般结构如下：

$$<框架名>$$
$$<槽1><侧面11><值111>$$
$$<侧面12><值112>$$
$$......$$
$$<槽2><侧面21><值211>$$
$$......$$
$$......$$
$$<槽n><侧面n1><值n11>$$
$$<侧面n2><值n21>$$
$$......$$

框架结构中的槽或侧面不但可以是简单的数据类型，而且还可以是另外一个框架，因此框架表示法具有结构性和继承性。由于其自身结构特点，框架表示方法对于过程性知识的表达存在一定困难。

4）语义网络表示法

语义网络是由概念及其语义关系形成的表示知识的网络图，语义网络由节点以及连接节点的有向弧组成，节点表示各种事物、概念等对象，有向弧表示它所连接的节点间的某种语义联系。每个节点可以带有若干属性，定义成一个语义子网络，形成多层结构。语义网络基本网元如图 6-7 所示。语义网络具有继承性、表示直观便于理解的优点，但其定义不严格，处理过程也十分复杂。

图 6-7　基本语义网元

5）面向对象表示方法

面向对象的知识表示（object-oriented knowledge representation，OOKR）方法以对象为中心，对象的属性、行为、领域知识、处理方法等有关知识都被封装在对象的结构中。对象的表示由关系槽、属性槽、方法槽和规则槽组成，分别表示与其他对象间的静态关系、对象的静态数据或数据结构、对象中的方法和产生式规则集。这种方法通过对象的外部属性和关系了解对象内部结构，使推理机与知识库融合。因此其描述对象适应性更广，但不利于理解，处理起来也相对复杂。

6.4.2　系统决策规则实现与推理机设计

奶牛精量饲喂系统监控中心程序在进行决策运算时首先要访问饲喂量知识库，知识库中存储的是关于现有奶牛品种、生长周期、健康状况和精饲料的组合以及这些组合对应的饲喂量。这些组合是饲喂量的决定条件，具有明确的因果关系。因此，该知识库的知识适合采用产生式表示方法进行知识表示[114]。本书主要研究的问题是奶牛精量饲喂，核心部分是如何利用饲喂策略对奶牛精饲料的饲喂量进行调控，而奶牛饲喂具体策略，是在进行大量调查研究的基础上反复征求相关领域广大专家的意见来进行的。

利用规则表达式：

IF 品种＝"B"　　AND　　日龄＝"R"　AND

健康状况＝"L"　　　AND　　饲料＝"J"

THEN　　饲料量＝"N"

获得当前对于饲喂对象的饲喂量规则。表达式中的"B""R""L""J"和"N"是根据实际情况对应知识的具体值。依照这个规则获取过程，将获取不同组合下的各种可能的饲喂量，而且保证正确，即可得到饲料投放的相关规则，建立饲喂量知识库。

推理机是结合不同的知识表示形式，依据原始条件推理得出结论的一段计算机程序代码。其作用根据当前已知的事实，模仿领域专家的思维过程，按一定的推理方法和控制策略进行推理，针对要解决的问题给出决策[115]。推理机的控制策略主要包括推理方式、搜索策略、策略冲突消解等。

1）推理方式

推理方式是指用于确定推理的驱动方式，包含正向推理、反向推理、混合推理等。正向推理是基于数据驱动的推理方式，其基本思想是用规则的前件与用户提供的己知事实内容进行匹配来选取可用规则，将规则的后件(结论)作为下一步推理的己知事实，开始新一轮的规则匹配，这样重复直到得到所求结果或没有可用规则为止。反向推理策略是基于目标驱动的推理，其基本思想是根据假设目标，用规则的后件同用户提供的事实进行匹配来获取可用规则，将该规则的前件作为新的假设目标再进行进一步匹配，直至问题解决或没有可用规则为止。混合推理是综合前两种推理方式，在进行正向推理的同时从问题各种可能的求解结论出发进行反向推理。这两个方向的推理都不以求解为主要目的，而是期望两个推理过程的接合，表明了反向推理过程中某些结论的假设在正向推理过程中得到验证，推理完成求解过程。

2）搜索策略

搜索策略是推理机以最短时间获取问题求解答案的手段。推理机的主要工作就是在知识库中搜索规则，基本的搜索策略有深度优先和广度优先两种。深度优先搜索(deepth-first search)以搜索深度最大化为原则,搜索以集群结构的搜索域中搜索对象所在分支深度作为优先搜索标准。广度优先搜索(breadth first search)是一种按层次搜索的原则,当前层次上没有搜索对象,才进入下一层结构搜索目标。

3) 策略冲突消解

在推理机搜索规则过程中可能出现多条规则或没有找到规则的情况,称为策略冲突(conflict),解决策略冲突的过程称为策略冲突消解(conflict resolution)。策略冲突可能是用户提供的事实有误或知识库容量不足造成的。改进的方法是修正输入的事实数据或尽量扩充知识库。但扩充知识库是一种滞后的手段,系统在没有搜索到匹配饲喂量规则时,采用与优先级别最低的规则前件差异最小的饲喂量规则来替代策略冲突消解方法。

本书中,推理机工作采用了正向推理方式的广度优先策略。针对推理机工作过程中可能产生的策略冲突的知识,设计时根据奶牛饲养的实际情况和畜牧养殖学及动物营养学的相关理论对其进行排序,在发生策略冲突时,以知识的组织顺序作为其策略选择的优先级别。这种策略冲突消解方法可以解决绝大部分的策略冲突问题。对于仍然存在的冲突,可对相关知识进行备注说明,在出现时提示用户,并通过领域专家咨询等方式建立相应规则,这样就可以规避策略冲突的出现,同时也实现了知识库的更新与完善。对于最终搜索获取到匹配规则的事实(奶牛编号,以下简称牛号),推理机将其存入实例数据库,当实例数据库中的事实再次出现时(同一头牛),直接提取相应规则(饲喂量数据)。因为作为实例的事实对应的相关规则前件可能发生变化(如牛号更改、日龄增加、饲料改变等),实例数据库需进行定期更新。推理机程序流程如图 6-8 所示。

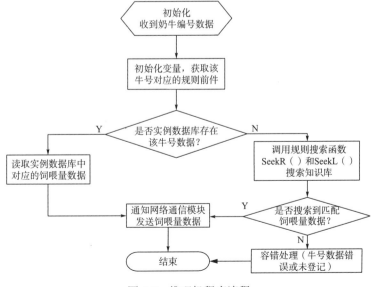

图 6-8　推理机程序流程

参 考 文 献

[1] 郑国强, 武瑞. 规模化安全养奶牛综合新技术. 北京: 中国农业出版社, 2005: 1-6.

[2] 熊本海, 钱平, 罗清尧, 等. 基于奶牛个体体况的精细饲养方案的设计与实现. 农业工程学报, 2005, 21(10): 118-123.

[3] 王海彬, 王洪斌, 肖建华. 奶牛精细养殖信息技术进展. 中国奶牛, 2009, 3: 15-17

[4] 付兴周. 科学饲养奶牛. 四川畜牧医. 2004, 9(31): 166.

[5] 梁明振, 苏安伟, 李忠权, 等. 精料补充料能量水平对摩杂一代奶水牛泌乳量以及奶质量的影响. 中国牛业科学, 2009, 5(35): 11-13.

[6] 胡建红, 汪庆华, 韩建业, 等. 保持奶牛瘤胃健康, 提高奶牛生产水平. 陕西农业科学, 2006, (3): 140-141.

[7] 邓代君, 王金平, 杜晋平, 等. 反刍动物瘤胃酸中毒机理及其防治措施. 安徽农业科学, 2009, 37(14): 6448-6449.

[8] 郑艳欣. 基于NRF24E1奶牛体温无线收发系统的设计与研究. 保定: 河北农业大学, 2010.

[9] 张永根. 我国奶牛业发展中的问题及建议. 中国乳业, 2004, (11): 16-17.

[10] 王根林. 养牛学. 北京: 中国农业出版社, 2000: 2-8.

[11] 张忠华. 现代化管理软件在规模化奶牛场的应用. 中国牧业通讯, 2009, (2): 39-41.

[12] Grothmann A, Nydegger F, Moriz C, et al. Automatic feeding systems for dairy cattle – potential for optimization in dairy farming. European Society of Agricultural Engineers, 2010.

[13] 柳平增, 丁为民, 汪小旵, 等. 奶牛个体识别及信息采集系统的设计. 计算机测量与控制, 2006, 14(10): 1410-1416.

[14] 谭春林, 坎杂, 曾明军, 等. 奶牛饲喂技术与设备的现状分析. 农机化研究, 2007, (12): 240-245.

[15] 王中华. 数字技术在奶牛生产过程中的作用及系统设计. 北京: 中国农业科学技术出版社, 2005: 2-12.

[16] 方建军. 饲喂机器人的研究与开发. 农机化研究, 2005, (1): 158-160.

[17] 花俊周, 周永亮, 花俊治, 等. 奶牛自动饲喂系统的研究与开发. 农业工程学报, 2006, 22(S2): 79-83.

[18] 贾北平. 奶牛体征检测系统的设计与实现. 保定: 河北农业大学, 2008.

[19] 郑国强, 武瑞. 2005. 规模化养奶牛综合新技术. 北京: 中国农业出版社. 2005: 1-8.

[20] 陆昌华, 王立方, 胡肄农, 等. 动物及动物产品标识与可追溯体系的研究进展. 江苏农业学报, 2009, 25(1): 197-202.

[21] Finkenzeller K. RFID手册(第二版). 陈大才, 译. 北京: 电子工业出版社, 2001: 1-12.

[22] 谭民, 刘禹, 曾隽芳, 等. RFID技术系统工程及应用指南. 北京: 机械工业出版社, 2007: 4, 5, 91.

[23] 慈新新, 王苏滨, 王硕. 无线射频识别(RFID)系统技术与应用. 北京: 人民邮电出版社, 2007: 14.

[24] Yan Y F, Wang R R, Song Z H, et al. Study on intelligent multi-concentrates feeding system for dairy cattle, CCTA2009, Beijing: IFIPAICT317, 2010: 275-282.

[25] 胡建赟, 何艳, 闵昊. 无源射频电子标签模拟前端的设计与分析. 半导体学报, 2006, 6(27): 999-1004.

[26] 宁焕生, 郭旭峰, 丛玉, 等. RFID 防碰撞算法的 FPGA 仿真实现. 电子技术应用技术, 2007, (1): 81.

[27] 张西良, 毛翠云, 路欣. 粉粒状农用产品混合式自动定量包装研究. 农业工程学报, 2003, 2(19): 121-125.

[28] 黄石茂. 螺旋给料机给料机理及其主要参数的确定. 广东造纸, 1998, 3: 27-31.

[29] 胡志宜. 螺旋粉料定量给料器的设计及应用. 机械设计, 2016, 10(33): 101-104.

[30] 胡勇克, 戴莉莉, 皮亚南. 螺旋输送器的原理与设计. 南昌大学学报, 2000, 22(4): 29-33.

[31] 谷文英, 过世东. 配合饲料工艺学. 北京: 中国轻工业出版社, 1999.

[32] 胡建红, 汪庆华, 韩建业, 等. 保持奶牛瘤胃健康, 提高奶牛生产水平. 陕西农业科学, 2006, (3): 140-141.

[33] 陈广富, 徐余伟. 饲料螺旋输送机设计参数的选择和确定. 饲料工业, 2008, 15(29): 1-5.

[34] 李志义, 王淑兰, 丁信伟. 粉体料仓的设计. 化学工业与工程技术, 1999, 4(20): 11-14.

[35] 吴向峰, 动态粒状物料定量称重技术研究. 北京: 中国计量科学研究院, 2006.

[36] 王德福, 杨悦乾. 料仓卸料口形状对使用性能与流型的影响. 农机化研究, 2004, 3: 150-151.

[37] 张裕中, 戴宁. 食品物料在双螺杆挤压机中流动状态分析. 包装与食品机械, 2000, 5(18): 7-10.

[38] 何朝远. 螺旋输送机驱动电机的选择计算. 玻璃纤维, 1998, 2: 6-10.

[39] 施汉谦, 宋文敏. 电子秤技术. 北京: 中国计量出版社, 1991.

[40] 杨宝清, 刘英明. 光纤测振加速度传感器的研究. 大连铁道学院学报, 2001, 4(22): 21-24.

[41] 金义. 精度理论与应用. 合肥: 中国科学技术大学出版社, 2005.

[42] Gao Z H, Mao J D. Dynamic weighting technology combining parameter identification. The Proceedings of 3rd International Symposium on Instrumentation Science and Technology. Harbin: Harbin Institute of Technology Press, 2004: 367-371.

[43] 余勃, 张西良. 混合式定量加料过程的 PID-模糊控制. 包装工程, 2003, 24(6): 12-14.

[44] 孙廷耀. 关于如何选用称重传感器的几点建议. 计量技术, 2001, (1): 53-54.

[45] 李鹏. 动态称量称重系统的研究与实现. 济南: 山东大学, 2006.

[46] 高晶晶. 物料动态称重系统的研究. 哈尔滨: 哈尔滨工业大学, 2007.

[47] 于翠萍, 任守国, 王卫国, 等. 提高配料精度的措施研究. 粮食与饲料工业, 2002, 12: 14-16.

[48] 赵佰亭. 全自动小料配料称量系统智能控制和控制方法的研究. 青岛: 青岛科技大学, 2005.

[49] 李牡丹, 李丽宏, 雷张伟. 基于模糊 PID 控制的配料秤系统的实现. 中国测试技术, 2008, 2(34): 116-119.

[50] 曹光华. 智能控制在异步电机变频调速系统中的应用. 天津: 天津大学, 2006.

[51] 王茁, 李颖卓, 张波. 机电一体化系统设计. 北京: 化学工业出版社, 2005.

[52] 陈魁. 试验设计与分析. 北京: 清华大学出版社, 2005.

[53] 郑爽. 奶牛个体生理参数多源感知设备设计与实现. 哈尔滨: 东北农业大学, 2015.

[54] 李小俊, 王振玲, 陈晓丽, 等. 奶牛体温变化规律及繁殖应用研究进展. 畜牧兽医学报, 2016, 47(12): 2331-2341.

[55] 蔡勇, 赵福平, 陈新, 等. 牛体表温度测定及其与体内温度校正公式研究. 畜牧兽医学报, 2015, 46(12):

2199-2205.

[56] Hoffmann G, Schmidt M, Ammon C, et al. Monitoring the body temperature of cows and calves using video recordings from an infrared thermography camera. Vet. Res. Commun, 2013, 37(2): 91-99.

[57] 贾北平, 马锦儒, 李亚敏. 奶牛体温无线收发数据采集系统的设计与实现. 农机化研究, 2008(7): 99-101.

[58] 尹令, 刘财兴, 洪添胜, 等. 基于无线传感器网络的奶牛行为特征监测系统设计. 农业工程学报, 2010, 26(3): 203-208, 388.

[59] 晏敏, 彭楚武, 颜永红, 等. 红外测温原理及误差分析. 湖南大学学报, 2004, 31(5): 110-112.

[60] Kyle B L, Kennedy A D, Small J A. Measurement of vaginal temperature by radiotelemetry for the prediction of estrus in beef cows. Theriogenology, 1998, 49(8): 1437-1449.

[61] Morais R, Valente A, Almeida J C, et al. Concept study of an implantable microsystem for electrical resistance and temperature measurements in dairy cows, suitable for estrus detection. Sensor and Actuators A, 2006, 132(1): 354-361.

[62] Timsit E, Assié S, Quiniou R, et al. Early detection of bovine respiratory disease in young bulls using reticulo-rumen temperature boluses. Vet. J. , 2011, 190(1): 136-142.

[63] 于海斌, 梁炜, 曾鹏. 智能无线传感器网络系统. 北京: 科学出版社, 2013.

[64] 王阳光, 尹项根, 游大海. 无线传感器网络在农业中的应用进展. 浙江农业学报, 2014, 26(6): 1715-1720.

[65] 崔莉, 鞠海玲, 苗勇, 等. 基于无线传感器网络的精准农业研究进展. 中国农学通报, 2014, 30(33): 268-272.

[66] 蒋建明, 史国栋, 李正明, 等. 基于无线传感器网络的节能型水产养殖自动监控系统. 农业工程学报, 2013, 13(29): 166-174.

[67] Kalden R, Meirick I, Meyer M. Wireless Internet access based on GPRS. IEEE Personal Communications, 2000, 7(2): 8-18.

[68] 汤效军. 电力线载波通信技术的发展及特点. 电力系统通信, 2003, 24(1): 47-51.

[69] 文浩, 林闯, 任丰原, 等. 无线传感器网络的 QoS 体系结构. 计算机学报, 2009, 3: 432-440.

[70] 张大踪, 杨涛, 魏东梅. 无线传感器网络低功耗设计综述. 传感器与微系统, 2006, 5(25): 10-14.

[71] 曹红萍, 蒋云良, 缪强, 等. 室内无线传感器网络及其应用. 计算机应用研究, 2006, (9): 209-212.

[72] 瞿雷, 刘胜德, 胡咸斌. ZigBee 技术及应用. 北京: 北京航空航天大学出版社, 2007, 9: 3-4, 11-12, 142.

[73] 孙利民, 李建中, 陈渝, 等. 无线传感器网络. 北京: 清华大学出版社, 2005: 78-79.

[74] 李文仲, 段朝玉. ZigBee 无线网络技术入门与实践. 北京: 北京航空航天大学出版社, 2007: 24-35.

[75] 陈彦明. 基于 ZigBee 的无线传感器网络节点设计及其应用开发. 哈尔滨: 哈尔滨理工大学, 2009, 3: 7-10.

[76] Rugin R, Mazzini G. A Simple and efficient MAC-routing integrated algorithm for sensor network. IEEE International Conference of Communications, 2004, 6: 3499-3503.

[77] Luo H, Ye F, Cheng J, et al. A two-tier data dissemination model for large-scale wireless sensor networks. The 8th Annual International Conference on Mobile Computing and Networking. Atlanta: ACM Press, 2002: 148-159.

[78] 李建泽. 基于 ZigBee 技术的奶牛体征监测系统设计. 哈尔滨: 东北农业大学, 2010: 1-5, 14-15.

[79] Lin K, Huang T L, Li L F. Design of temperature and humidity monitoring system based on ZigBee technology//Chines Control and Decision Conference. 2009: 3628-3631.

[80] Karp B, Kung H T. GPSR: greedy perimeter stateless routing for wireless networks//ACM/IEEE International Conference on Mobile Computing and Networking, Boston, Massachusetts, United States, 2000: 243-254.

[81] Jamaln. AL-Karaki. The Hashemite University Ahmed E. Kamal, Iowastate University Routing Techniques In Wireless Sensor Networks. A Survey. IEEE Wireless Communications, 2004, 11(6): 6-28.

[82] Hedetniemi S, Liestman A. A survey of gossiping and broadcasting in communication networks. IEEE Network, 1988, 18(4): 319-349.

[83] Manjeshwar A, Agrawal D P. TEEN: A routing protocol for enhanced efficiency in wireless sensor networks//The 15th Parallel and Distribute Processing Symposium. San Francisco: IEEE Computer Soeiety, 2001: 2009-2015.

[84] 任丰原, 黄海宁, 林闯. 无线传感器网络. 软件学报, 2003, 14(7): 1252-1290.

[85] Younis M, Youssef M, Arisha K. Energy-aware routing in cluster-based sensor networks. IEEE International Symposium on Modeling, 2002, 43(3): 129-136.

[86] Sohrabi K, Gao J, Ailawadhi V, et al. Protocol for self-organization of a wireless sensor network. IEEE Personal Communications, 2000, 7(5): 16-27.

[87] He T, Stankovic J A, Lu C, et al. SPEED: A Stateless Protocol for Real-time Communication in Sensor Networks//The 23th International Conference in Distributed Computing Systems. Rhode Island: IEEE Computer Society, 2003: 46-55.

[88] Heinzelman W, Chandrakasan A, Balakrishnan H. Energy-efficient communication protocol for wireless microsensor networks//The 33rd Annual Hawaii International Conference. on System Sciences. Maui: IEEE Computer Society, 2000: 3005-3014.

[89] 吕建. 基于 ZigBee 协议的温室无线传感器网络设计. 杨凌: 西北农林科技大学, 2010.

[90] 刘浩然, 孙雅静, 刘彬, 等. 能耗均衡的无线传感器网络无标度容错拓扑模型. 计算机学报, 2017, 8(40): 1843-1855.

[91] 张伟华, 李腊元, 张留敏, 等. 无线传感器网络 LEACH 协议能耗均衡改进. 传感器学报, 2008, 11(21): 1918-1922.

[92] Gungor V C, Sahin D, Kocak T, et al. Smart grid technologies: communication technologies and standards. Industrial Informatics, IEEE Transactions on, 2011, 7(4): 529-539.

[93] 傅质馨, 徐志良, 黄成, 等. 无线传感器网络节点部署问题研究. 传感器与微系统, 2008, 27(3): 116-120.

[94] 曹峰, 刘丽萍, 王智. 能量有效的无线传感器网络部署. 信息与控制, 2006, 35(2): 147-153.

[95] 牛星, 李捷, 周新运, 等. 无线传感器网络节点能耗测量及分析. 计算机科学, 2012, 39(2): 84-87.

[96] Majumdar A, Ward R K. Increasing energy efficiency in sensor networks: Blue noise sampling and non-convex matrix completion. International Journal of Sensor Networks, 2011, 9(3/4): 158-169.

[97] Qian Z H, Wang Y J. Internet of things-oriented wireless sensor networks review. Journal of Electronics & Information Technology, 2013, 35(1): 215-227.

[98] Ghosh D, Ghose T, Mohanta D K. Communication feasibility analysis for smart grid with phasor measurement units. IEEE Transactions on Industrial Informatics, 2013, 9(3): 1486-1496.

[99] 马坚伟, 徐杰, 鲍跃全, 等. 压缩感知及其应用: 从稀疏约束到低秩约束优化. 信号处理, 2012, 28(5):

609-623.

[100] Caione C, Brunelli D, Benini L. Distributed compressive sampling for lifetime optimization in dense wireless sensor networks. IEEE Transactions on Industrial Informatics, 2012, 8(1): 30-40.

[101] Kutyniok G. Compressed Sensing: Theory and Applications. Cambridge: Cambridge University Press, 2012.

[102] 刘胜. 基于压缩感知理论的无线传感器网络数据压缩. 合肥: 合肥工业大学, 2013.

[103] 谢志军, 王雷, 林亚平, 等. 传感器网络中基于数据压缩的汇聚算法. 软件学报, 2006, 17(4): 860-867.

[104] Donoho D L. Compressed sensing. IEEE Transactions on Information Theory, 2006, 52(4): 1289-1306.

[105] Berta M, Christandl M, Renner R. The quantum reverse Shannon theorem based on one-shot information theory. Communications in Mathematical Physics, 2011, 306(3): 579-615.

[106] Chou C T, Ignjatovic A, Hu W. Efficient computation of robust average of compressive sensing data in wireless sensor networks in the presence of sensor faults. IEEE Transactions on Parallel and Distributed Systems, 2013, 24(8): 1525-1534.

[107] Malioutov D, Çetin M, Willsky A S. A sparse signal reconstruction perspective for source localization with sensor arrays. IEEE Transactions on Signal Processing, 2005, 53(8): 3010-3022.

[108] 练秋生, 陈书贞. 基于混合基稀疏图像表示的压缩传感图像重构. 自动化学报, 2010, 36(3): 385-391.

[108] Ghosh, D, Ghose T, Mohanta D K. Communication feasibility analysis for smart grid with phasor measurement units. IEEE Trans. Ind. Inform. 2013, 9: 1486-1496.

[109] 李珂. 面向微电网的无线传感器网络能效和时滞特性研究. 重庆: 重庆大学, 2015.

[110] 陈胜, 程耕国. 基于 Windows NT 的数据网关的设计与实现. 武汉科技大学学报. 2003, 3(26): 79-82.

[111] 杜克明. 农业环境无线远程监控系统的设计与实现. 北京: 中国农业科学院, 2007.

[112] 刘保顺. VisualBasic. NET 数据库开发. 北京: 清华大学出版社, 2004: 94-106.

[113] 乔金友. 农业机械化生产专家系统推理机设计. 哈尔滨: 东北农业大学, 2007.

[114] 李道亮, 傅泽田, 田东. 智能系统: 基础、方法及其在农业中的应用. 北京: 清华大学出版社, 2004.

[115] 马鸣远. 人工智能与专家系统导论. 北京: 清华大学出版社, 2006.

附　　录

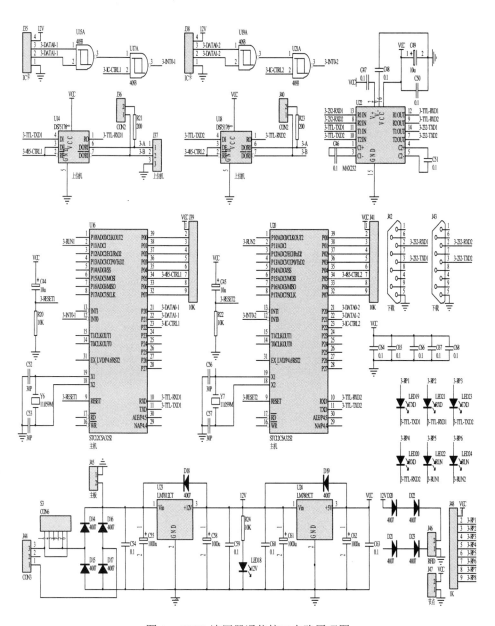

图 A　RFID 读写器通信接口电路原理图

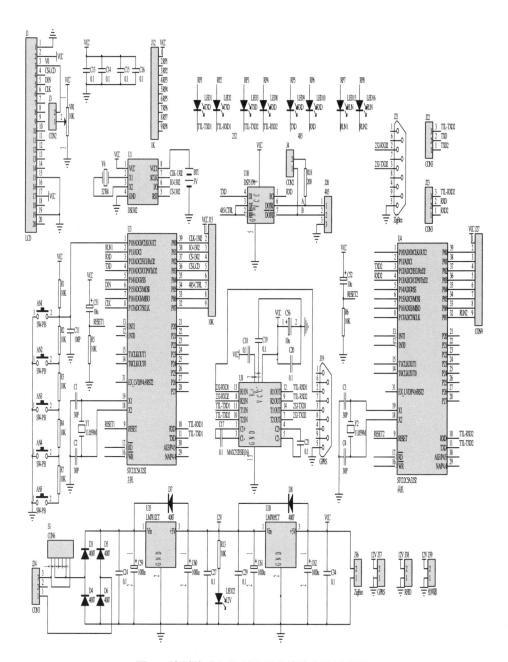

图 B　给料称重主控制器通信模块电路原理图

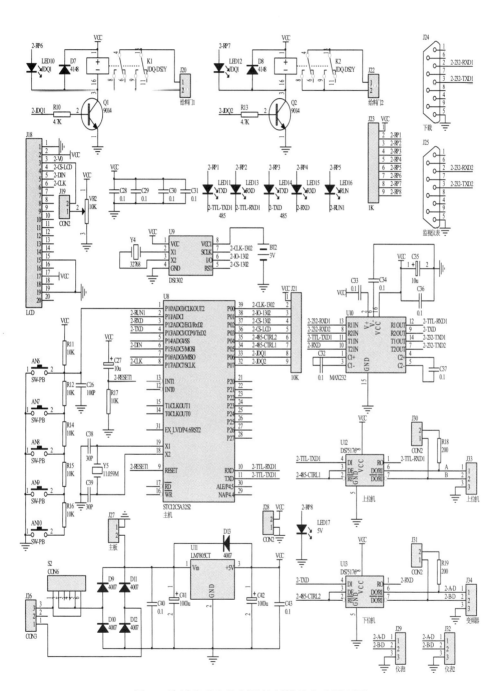

图 C　给料称重主控制器控制模块电路原理图

索　引